U0133404

河北衡水湖国家级自然保护区管理委员会

衡水湖
观鸟手册

张余广
刘振杰 主编
吴军梅

中国林业出版社
·北京·

图书在版编目（CIP）数据

衡水湖观鸟手册／张余广，刘振杰，吴军梅主编 .－－北京：中国
林业出版社 ,2022.5
　ISBN 978－7－5219－1531－0

　Ⅰ.①衡…Ⅱ.①张…②刘…③吴…Ⅲ.①湖泊－自然保护区－
鸟类－衡水－手册 Ⅳ.① Q959.708－62

　中国版本图书馆 CIP 数据核字 (2022) 第 00171 号

责任编辑　　刘香瑞

出版发行　　中国林业出版社

　　　　　　（100009 北京西城区刘海胡同 7 号）

　　　　　　邮箱 36132881@qq.com　电话 010-83143545

印　　刷　　河北京平诚乾印刷有限公司

版　　次　　2022 年 5 月第 1 版

印　　次　　2022 年 5 月第 1 次

开　　本　　787mm×1092mm　1/32

印　　张　　6.5

字　　数　　80 千字

定　　价　　80.00 元

序

这几天，一本即将出版的新书——《衡水湖观鸟手册》的书稿呈现在我的面前，令我感到十分欣喜。

衡水湖是个好地方，水域宽广，碧波荡漾，生物多样性十分丰富。她坐落在河北省衡水市桃城、冀州两区境内，是华北平原惟一保持湖泊、沼泽、滩涂、草甸和林地等完整淡水湿地生态系统的国家级自然保护区，有"京津冀最美湿地""京南第一湖"的美誉。

由于工作的需要，我曾多次来到衡水湖。这里旖旎的风光和繁盛的鸟类给我留下了深刻的印象。湖水茫茫如锦缎一般亮丽，郁郁葱葱的芦苇和蒲草更是把岸边、岛屿点缀得生机勃勃，堪称是大自然巧夺天工之作。水草丰盛、鱼虾成群的理想环境为多种多样的鸟类提供了适宜的栖息地，不仅是大批候鸟南北迁徙时的停歇地，也是众多珍稀鸟类的繁殖地或越冬地。迄今为止，在衡水湖记录的鸟类有328种，其中包括青头潜鸭、丹顶鹤、白鹤、东方白鹳、黑鹳、金雕、白肩雕、白尾海雕、大鸨、遗鸥等20种国家一级重点保护野生动物和白琵鹭、灰鹤、大天鹅、鸳鸯、白额雁、红胸黑雁、普通鵟、白尾鹞、短耳鸮等63种国家二级重点保护野生动物。而衡水湖鸟类的旗舰物种则是青头潜鸭。它是世界上的"极危"鸟类之一，目前全球不足1000只，对生存环境要求很高，而衡水湖已成为青头潜鸭的重要栖息地之一。

《衡水湖观鸟手册》是一本图文并茂的画册，对于每个鸟类物种都有关于其形态特征、生态习性、地理分布、保护等级和观测季节的文字说明，言简意赅。实际上，她也是一部令人心灵激荡的鸟类摄影画册。打开书稿，一幅幅精美的照片映入眼帘：有羽色黑白分明、被誉为"熊猫鸭"的白秋沙鸭；有在湖面漫舞、身姿婀娜的凤头䴙䴘；有种群数量庞大、如同"黑色风景线"的骨顶鸡；还有从北极苔原、西伯利亚以及

我国东北一带一路南下来此越冬的斑嘴鸭、白眼潜鸭、凤头潜鸭等雁鸭类、黑翅长脚鹬、反嘴鹬、环颈鸻、金眶鸻等鸻鹬类，大白鹭、白鹭、苍鹭、夜鹭等鹭类……，画面上凸现出的亮丽纯净的羽毛和熠熠生辉的神韵，把我带入了诗画交融的意境，仿佛徜徉在那些生机勃发的湿地滩涂之间，感受到一种激情澎湃的魅力。

书中的照片大多是由我的朋友吴秀山先生利用业余时间拍摄的，每一帧鸟类照片都散发着清新、鲜明的气息。这些照片如同一个个生动的音符闪耀在读者面前，参差错落而又和谐流畅，组成了一部悠扬、绚丽的乐曲，奏出了一部动人心弦的衡水湖鸟类颂歌，令人叹为观止。作品展示了千姿百态的鸟类世界，也表现了鸟类摄影人在艺术创造道路上所经历的酸甜苦辣。我们可以看到他背着沉重的器材到野外去创作，冬天爬冰卧雪、夏天蚊虫扑面，潜入湖水、风餐露宿的身影……当作者把这些"衡水湖精灵"健美的雄姿、可爱的神情一一展现在读者面前时，更是令人产生人与自然相亲相近之感，似乎可以亲耳听到芦荡里正在上演的鸟儿们的大合唱……

衡水湖是我国鸟类保护的重要基地，是开展湿地鸟类保护、科研和监测的理想场所，也是广大鸟友十分热爱的观鸟圣地之一。《衡水湖观鸟手册》的出版发行不仅可以使更多的人来分享这份美丽，而且在欣赏之后，仍觉余音绕梁，引发了我们对人与自然关系的进一步感受与思考，无形中提升了我们的情操，从而激发起热爱祖国大好河山、保护自然生态环境，特别是珍爱湿地、保护湿地的热情和意识。

李湘涛

北京自然博物馆研究员、中国鸟类学会常务理事

2021 年 12 月 28 日于北京

前言

河北衡水湖国家级自然保护区处在河北省东南部，面积16365公顷，以内陆淡水湿地生态系统和国家一、二级重点保护鸟类为主要保护对象，是东亚—澳大利西亚鹤鹬鸟类迁飞路线的重要中转站，每年有上万只候鸟在此栖息、繁衍。2006年10月，衡水湖保护区加入了东亚—澳大利西亚鹤鹬鸟类保护网络。

保护区具有水域、沼泽、草甸、林地和农田等完整的湿地生态系统，生境多样，物种丰富，已监测记录到的鸟类有328种，有青头潜鸭、丹顶鹤、东方白鹳、黑鹳、金雕、大鸨等国家一级重点保护鸟类20种，国家二级重点保护鸟类63种。

本观鸟手册描述了衡水湖167种常见鸟类的形态特征、生态习性、活动区域等，是对衡水湖鸟类情况的一个阶段性总结。希望本观鸟手册能让更多的人了解、认识衡水湖鸟类，参与到鸟类监测和湿地保护中来。

本观鸟手册在编著过程中难免存在瑕疵和遗漏，欢迎各位专家和读者提出宝贵建议。

张余广

2021年11月

本书使用说明

| 大鸨 | *Otis tarda* | 国家一级保护野生动物 | + |

形态特征： 体长 75～110 厘米，成鸟两性体形和羽色相似，但雌鸟较小。繁殖期的雄鸟前颈及上胸呈蓝灰色，头顶中央从嘴基到枕部有一黑褐色纵纹，在喉侧向外突出如须，长达 10～12 厘米。上体栗棕色满布黑色粗横斑和黑色虫蠹状细横斑。

生态习性： 性耐寒、机警，很难靠近，善奔走、不鸣叫，一年中的大部分时间集群活动，形成由同性别和同年龄个体组成的群体；在同一社群中，雌群和雄群相隔一定的距离。主要吃植物的嫩叶、嫩芽、嫩草、种子以及昆虫、蚱蜢、蛙等动物性食物，特别是象鼻虫、蝗虫等农田害虫，有时也在农田中取食散落在地的谷粒等。

地理分布： 在衡水湖主要分布在周边农田区域。

观测季节： 秋、冬两季可观测到。

................鸟种描述

................鸟种照片

注：① ＋＋＋＋，代表优势种，大于 1000 只；
＋＋＋，代表常见种，介于 100～1000 只之间；
＋＋，代表稀有种，介于 10～100 只之间；
＋，代表偶见种，低于 10 只。
② 保护等级按照国家林业和草原局、农业农村部 2021 年 2 月发布的《国家重点保护野生动物名录》标注。

目录

鸡形目

隼形目

鹰形目

鸮形目

䴙䴘目

PODICIPEDIFORMES

| 凤头䴙䴘 | *Podiceps cristatus* | + + + + |

形态特征：体长50厘米以上，体重0.5～1千克。前额和头顶部黑褐色，胸部白色，枕部两侧的羽毛往后延伸，分别形成一束羽冠。脚的位置几乎处于身体末端，尾羽较短，趾侧有瓣蹼。

生态习性：成对或集成小群活动在衡水湖水面或池塘中，极善水性。建造浮巢，建筑材料是水生植物的叶子，能随同水位上涨而漂起。以昆虫、虾、甲壳类、软体动物等水生无脊椎动物为食，偶尔也吃少量水生植物。

地理分布：衡水湖优势物种，数量较多，在有水面区域皆有分布。

观测季节：一年四季皆可观测到，冬季种群数量较少，春、秋季数量较多，夏季在衡水湖繁殖。

形态特征：体长 25～30 厘米，体重 120～300 克。颈棕栗色，胸上部黑褐色，下部和腹部银白色，眼睛黄色，脚黑色。腿很靠后，走路不稳，精通游泳和潜水。

生态习性：除了繁殖期间外，夜晚通常停栖在隐密的水塘或湖泊边的草丛中。营巢于沼泽、池塘、湖泊中丛生芦苇、香蒲等地，食物以小鱼为主，偶尔也会捕捉小虾或水中的小型节肢动物和水生昆虫。

地理分布：在衡水湖多分布于衡水湖湖面、西湖池塘、滏东排河等区域。

观测季节：春、夏、秋三季较多，夏季在衡水湖繁殖，冬季数量较少。

鲣鸟目

SULIFORMES

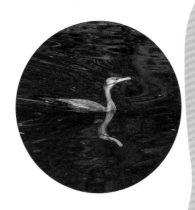

形态特征：体长 72～87 厘米，体重 2～3 千克。通体黑色，头颈具紫绿色光泽，两肩和翅具青铜色光彩，嘴角黄绿色，眼后下方白色，繁殖期间脸部有红色斑，头颈有白色丝状羽。

生态习性：常成群栖息于水边或水边乔木上，呈垂直站立姿势。在水中游泳时身体下沉较多，颈向上伸直，头微向上仰。常成小群活动，善游泳和潜水，以各种鱼类为食。主要通过潜水捕食。

地理分布：在衡水湖主要分布于环湖岸线乔木上。

观测季节：春、夏、秋三季可观测到，春、秋两季数量较多。

形态特征：体长 52～68 厘米，为中型涉禽，全身白色。夏羽枕部有两根细长饰羽，前颈和背着生蓑羽。冬季饰羽及蓑羽脱落。繁殖期在枕部有两枚长羽，如双辫状。

生态习性：喜集群，常呈 3～5 只或 10 余只的小群活动于水边浅水处。以各种小鱼、黄鳝、泥鳅、蛙、虾、水蛭、蜻蜓幼虫、水生昆虫等动物性食物为食，也吃少量谷物等植物性食物。

地理分布：在衡水湖主要分布在滏东排河浅水区、滏阳新河滩地、西湖池塘边，繁殖期在湖中小岛树上筑巢。

观测季节：春、秋季数量较多，夏季在衡水湖繁殖，冬季在衡水湖越冬。

| 大白鹭 | *Ardea alba* | + + + + |

形态特征：体长 80 ～ 100 厘米，颈、脚甚长，两性相似，全身洁白。嘴和眼黑色，嘴角有一条黑线直达眼后。冬羽和夏羽相似，全身亦为白色，但前颈下部和肩背部无长的蓑羽、嘴和眼为黄色。

生态习性：常在湖边、池塘、河道边活动，遇人即飞走，站立时头亦缩于背肩部，呈驼背状。步行时亦常缩着颈，缓慢地一步一步地前进，以各种小鱼、蛙、虾、水蛭、蜻蜓幼虫、水生昆虫等动物性食物为食。

地理分布：在衡水湖主要分布于湖面浅水区、池塘、滏东排河、滏阳新河等区域。

观测季节：一年四季皆可观测到，夏季在衡水湖繁殖数量较多，越冬数量较少。

形态特征：体长 65 ～ 70 厘米。全身白色，眼先黄色，脚和趾黑色。夏羽背和前颈下部有长的披针形饰羽，嘴黑色；冬羽背和前颈无饰羽，嘴黄色，先端黑色。

生态习性：常单独或成对或成小群活动，有时亦与其他鹭混群。主要以鱼、虾、蛙、蝗虫、蝼蛄等水生和陆生昆虫以及其他小型无脊椎动物为食。

地理分布：在衡水湖主要分布在湖边浅水处以及周边河流。

观测季节：一年四季皆可观测到。

形态特征：体长 800 ～ 100 厘米，通体白灰色，羽冠为黑色，上体背至尾上覆羽苍灰色，尾羽暗灰色，两肩有长尖而下垂的苍灰色羽毛，羽端分散，呈白色或近白色。

生态习性：成对或呈小群活动，迁徙期间和冬季集成大群，有时亦与白鹭混群。常单独涉水于水边浅水处，或长时间在水边站立不动。分散在沿水边浅水处边走边啄食，以各种小鱼、蛙、虾、水蛭、蜻蜓幼虫、水生昆虫等动物性食物为食。

地理分布：在衡水湖主要分布于湖面浅水区、池塘、滏东排河、滏阳新河滩地区域。

观测季节：一年四季皆可观测到，夏季繁殖、冬季越冬数量均较多。

草鹭 *Ardea purpurea* + + +

形态特征： 体长 80 ～ 100 厘米，枕部有两枚灰黑色长形羽毛形成的冠羽，悬垂于头后，状如辫子，两肩和下背被有矛状长羽，身体颜色为灰白色或灰褐色；尾暗褐色，具蓝绿色金属光泽。

生态习性： 草鹭活动时彼此分散开单独或成对活动和觅食。休息时则多聚集在一起，行动迟缓，常在水边浅水处低头觅食，有时亦长时间站立不动，静静地观察和等候鱼群和其他动物到来，以各种小鱼、蛙、虾、水蛭、蜻蜓幼虫、水生昆虫等动物性食物为食。

地理分布： 在衡水湖主要分布于湖面浅水区、周边池塘、滏东排河、滏阳新河等区域。

观测季节： 春、夏、秋皆可观测到，夏季在衡水湖繁殖，偶有越冬，数量较白鹭、苍鹭少。

池鹭　　　*Ardeola bacchus*　　　＋＋＋＋

形态特征： 涉禽类，体长约 37～54 厘米，身体具褐色纵纹，夏羽头有较长羽冠，颈和前胸与胸侧栗红色，羽端呈分枝状；尾短，圆形，白色。冬羽头顶白色而具密集的褐色条纹，颈淡皮黄白色而具厚密的褐色条纹。

生态习性： 常单独或成小群活动，有时也集成多达数十只的大群在一起，较大胆。常站在水边或浅水中，飞快地取食。通常无声，争吵时发出低沉的呱呱叫声。以动物性食物为主，包括鱼、虾、螺、蛙、泥鳅、水生昆虫、蝗虫等，兼食少量植物性食物。

地理分布： 在衡水湖主要分布在湖边浅水外，以及周边池塘、河流。

观测季节： 夏、秋两季可以观测到，夏季在衡水湖繁殖。

形态特征： 体长 55 ～ 75 厘米，夏羽大都白色；头和颈橙黄色，前颈基部和背中央具羽枝分散成发状的橙黄色长形饰羽；尾和其余体羽白色。冬羽通体全白色，个别头顶缀有黄色，无发丝状饰羽。

生态习性： 常成对或集 3 ～ 5 只的小群活动，有时亦单独或集成数十只的大群。休息时喜欢站在树梢上，颈缩成 "S" 形，常伴随牛活动，喜欢站在牛背上或跟随在耕田的牛后面啄食翻耕出来的昆虫和牛背上的寄生虫。主要以蝗虫、蚂蚱、金龟子等昆虫为食。

地理分布： 在衡水湖主要分布在滏东排河、西湖湿地。

观测季节： 春、夏、秋三季皆可观测到，夏季在衡水湖繁殖。

形态特征： 体长 46～60 厘米。体较粗胖，颈较短；嘴尖细，微向下曲，黑色；脚和趾黄色；头顶至背黑绿色而具金属光泽；上体余部灰色；下体白色；枕部披有 2～3 枚长带状白色饰羽，下垂至背上，极为醒目。

生态习性： 栖息和活动于平原和低山丘陵地区的溪流、水塘、江河、沼泽和水田地上。夜出性。喜结群。主要以鱼、蛙、虾、水生昆虫等动物性食物为食。

地理分布： 在衡水湖主要分布于湖中小岛及湖边林带、湖岸线芦苇蒲草区域。

观测季节： 一年四季皆可观测到，夏、秋两季数量较多，夏季在衡水湖繁殖，部分在衡水湖越冬。

形态特征： 体长 40～48 厘米，羽毛深灰色。体型小，头顶黑，枕冠亦黑色；上体灰绿色；下体两侧银灰色。

生态习性： 常独栖于有浓密树荫的枝杈上，有时也见栖息于浓密的灌丛中或树荫下的石头上，不栖于较暴露的树木高处或顶枝上。通常在黄昏和晚上活动，有时也见在水面上空飞翔，飞行时两翅鼓动频繁，飞行速度甚快，但通常飞行高度较低，飞行时脚往后伸，远远突出于尾外，但缩颈不甚明显。

地理分布： 在衡水湖数量较少，主要分布在湖边香蒲芦苇丛以及沿湖茂密的树木上。

观测季节： 在衡水湖保护区多见于夏、秋季。

大麻鳽 *Botaurus stellaris* ✦ ✦

形态特征： 体长 59 ～ 77 厘米。体较粗胖，嘴粗而尖，黄褐色；颈、脚较粗短，脚黄绿色；头黑褐色；背黄褐色，具粗著的黑褐色斑点；下体淡黄褐色，具黑褐色粗著纵纹。

生态习性： 栖息于河流、湖泊、池塘边的芦苇丛。除繁殖期外常单独活动，秋季迁徙季节也集成 5 ～ 8 只的小群。夜行性，多在黄昏和晚上活动，白天多隐蔽在水边芦苇丛和草丛中，有时亦见白天在沼泽草地上活动。主要以鱼、虾、蛙、蟹、螺、水生昆虫等动物性食物为食。

地理分布： 在衡水湖主要分布于湖区芦苇丛中。

观测季节： 一年四季皆可观测到，夏季在衡水湖繁殖。

形态特征：小型涉禽，体长 29 ～ 37 厘米。额、头顶、枕部和冠羽铅黑色，微杂以灰白色纵纹，头侧、后颈和颈侧棕黄白色；背、肩和三级飞羽淡黄褐色，腰和尾上覆羽暗褐灰色；翅上覆羽淡黄褐色；下体自颏和喉淡黄白色。

生态习性：常沿沼泽地芦苇丛飞翔或在水边浅水处涉水觅食。性甚机警，遇有干扰，立刻伫立不动，向上伸长头颈观望。主要以小鱼、虾、蛙、水生昆虫等动物性食物为食。通常无声。飞行时发出略微刺耳的断续鸣声。

地理分布：在衡水湖主要分布在湖边的芦苇香蒲丛中。

观测季节：春、夏、秋三季皆可观测到，夏季在衡水湖繁殖。

栗苇鸻　　*Ixobrychus cinnamomeus*　　+ +

形态特征： 小型涉禽。体长 30～38 厘米。雄鸟上体从头顶至尾为栗红色，下体淡红褐色，喉至胸有一褐色纵线，胸侧缀有黑白两色斑点，野外特征极为明显，容易辨认。雌鸟头顶暗栗红色，背面暗红褐色，杂有白色斑点，腹面土黄色，从颈至胸有数条黑褐色纵纹。

生态习性： 夜行性，多在晨昏和夜间活动，白天也常活动和觅食，但在隐蔽阴暗的地方。性胆小而机警，通常很少飞行，多在芦苇丛中行走。以小鱼、黄鳝、蛙、小螃蟹、水蜘蛛以及叶甲等昆虫为食，有时也吃少量植物性食物。

地理分布： 在衡水湖主要分布在沿湖的芦苇香蒲丛中。

观测季节： 春、夏、秋三季皆可观测到，夏季在衡水湖繁殖。

| 白琵鹭 | *Platalea leucorodia* | 国家二级保护野生动物 | ＋＋ |

形态特征：大型涉禽，体长 85 厘米左右，全身羽毛白色，眼、颊、上喉裸皮黄色；嘴长直、黑色，端部黄色，扁阔似琵琶；胸及头部冠羽黄色（冬羽纯白）；颈、腿均长，腿下部裸露呈黑色。

生态习性：常成群活动，偶尔见单只。休息时常在水边成"一"字形散开，长时间站立不动。性机警畏人，很难接近。常排成稀疏的单行或呈波浪式的斜列飞行，飞行时两脚伸向后，头颈向前伸直。主要以虾、蟹、水生昆虫、蠕虫、甲壳类、软体动物、蛙、蝌蚪、蜥蜴、小鱼等小型脊椎动物和无脊椎动物为食。

地理分布：在衡水湖主要分布于滏阳新河和滏东排河以及湖边浅水区。

观测季节：春、秋两季可观测到。

鹳形目
CICONIFORMES

形态特征：体长 120～130 厘米。嘴长而粗壮，呈黑色，仅基部缀有淡紫色或深红色。嘴的基部较厚，往尖端逐渐变细，并略微向上翘。眼周、眼先和喉部的裸露皮肤均为朱红色，体羽主要为纯白色。幼鸟和成鸟相似，但羽色较淡，呈褐色，金属光泽亦较弱。

生态习性：除了在繁殖期成对活动外，其他季节大多集群活动，特别是迁徙季节，常聚集成数十只，甚至上百只的大群。觅食时常成对或成小群漫步在水边或草地与沼泽地上，主要以小鱼、蛙、昆虫等为食。

地理分布：在衡水湖滏东排河、周边池塘有分布。

观测季节：春、秋、冬三季可观测到，冬季在衡水湖越冬。

雁形目
ANSERIFORMES

形态特征：体长 110～135 厘米。全身洁白，嘴端黑色，嘴基两侧具黄斑（黄斑不越过鼻孔）。

生态习性：性喜集群，除繁殖期外常呈小群或家族群活动。在水中游泳和栖息时，常在距离岸边较远的地方。性活泼，游泳时颈部垂直竖立。鸣声高而清脆，常常显得有些嘈杂。主要以水生植物的叶、根、茎和种子等为食，也吃少量螺类、软体动物、水生昆虫和其他小型水生动物，有时还吃农作物的种子、幼苗和粮食。

地理分布：在衡水湖多分布于大湖面、滏东排河、滏阳新河滩地等区域。

观测季节：迁徙候鸟，春、秋两季可以观测到，在衡水湖停留时间较短。

形态特征： 体长 120～160 厘米，全身羽毛均为白色，雌雄同色，雌略较雄小，仅头稍沾棕黄色。嘴黑色，上嘴基部黄色，此黄斑延伸过鼻孔，形成一喇叭形。

生态习性： 主要以水生植物叶、茎、种子和根茎为食，如莲藕、胡颓子和水草。性喜集群，除繁殖期外常成群生活，特别是冬季，常呈家族群活动，有时也多至数十至数百只的大群栖息在一起。性胆小，警惕性极高，活动和栖息时远离岸边，游泳亦多在开阔的水域，甚至晚上亦栖息在离岸较远的水中。

地理分布： 在衡水湖多分布于大湖面、滏东排河、滏阳新河滩地等区域。

观测季节： 春、秋两季可以观测到，在衡水湖停留时间较短。

| 疣鼻天鹅 | *Cygnus olor* | 国家二级保护野生动物 | + |

形态特征： 体长 120 ～ 130 厘米。颈细长，前额有一块瘤疣突起，因此得名。全身羽毛洁白。在水中游泳时，颈部弯曲而略似 "S" 形。嘴基有明显的球块，且在雄性较大，雌性不很发达。眼深棕色，嘴橙黄色，嘴基和球块黑色。脚趾和蹼灰黑色。

生态习性： 主要在水中生活，性机警，视力强，游泳时隆起两翅，颈向后曲，头朝前低垂，姿态极为优雅。主要以水生植物的叶、根、茎和种子等为食，也吃少量螺类、软体动物、水生昆虫和其他小型水生动物，有时还吃农作物的种子、幼苗和粮食。

地理分布： 在衡水湖多分布于大湖面。

观测季节： 春、秋两季可以观测到，在衡水湖停留时间较短。

形态特征：体长 69 ～ 80 厘米，体重约 3 千克。外形大小和形状似家鹅。上体灰褐色或棕褐色，下体污白色，嘴黑褐色、具橘黄色带斑。

生态习性：主要以植物性食物为食。繁殖季节主要吃苔藓、地衣、植物嫩芽、嫩叶、包括芦苇和一些小灌木，也吃植物果实与种子和少量动物性食物。迁徙和越冬季节，则主要以谷物种子、豆类、麦苗、马铃薯、红薯、植物芽、叶和少量软体动物为食。

地理分布：在衡水湖主要分布在湖面以及周边农田内。

观测季节：春、秋、冬三季皆可观测到，在衡水湖越冬。

形态特征：体长 70 ～ 90 厘米，体重 2.5 ～ 4 千克。体大而肥胖。嘴、脚肉色，上体灰褐色，下体污白色，飞行时双翼拍打用力，振翅频率高。颈较长。

生态习性：成群活动，群通常由数十、数百，甚至上千只组成，特别是迁徙期间。休息时常用一只脚站立。行动极为谨慎小心，警惕性很高，特别是成群在一起觅食和休息的时候，常有一只或数只灰雁担当警卫。主要在白天觅食，夜间休息。食物主要为各种水生和陆生植物的叶、根、茎、嫩芽、果实和种子等植物性食物，有时也吃螺、虾、昆虫等小型动物；迁徙期间和冬季，亦吃散落的农作物种子和幼苗。

地理分布：在衡水湖主要分布在湖面以及周边农田内。

观测季节：春、秋、冬三季皆可观测到，在衡水湖越冬。

白额雁　*Anser albifrons*　国家二级保护野生动物　++

形态特征：体长 64 ～ 80 厘米，体重 2 ～ 3.5 千克，和豆雁大小差不多。上体大多灰褐色，从上嘴基部至额有一宽阔白斑，下体白色，杂有黑色块斑。

生态习性：在陆地的时间通常较在水中的时间长，有时仅仅是为了喝水才到水中。善于在地上行走和奔跑，速度甚快，起飞和下降亦很灵活。主要以植物性食物为主，也吃农作物幼苗和种子。

地理分布：在衡水湖主要分布在湖面以及周边农田内。

观测季节：春、秋、冬三季皆可观测到，在衡水湖越冬。

形态特征：体长90厘米左右，体重2.8～5千克。嘴黑色，体色浅灰褐色，头顶到后颈暗棕褐色，前颈近白色。

生态习性：以各种草本植物（包括陆生植物和水生植物、芦苇、藻类）的叶、芽等植物性食物为食，也吃少量甲壳类和软体动物等。性喜集群，常成群活动，特别是迁徙季节，常集成数十、数百甚至上千只的大群。

地理分布：在衡水湖主要分布于大湖湖面、周边农田等区域。

观测季节：春、秋、冬三季可观测到，在衡水湖越冬。

形态特征：体长 49 ～ 63 厘米，从额至枕棕褐色，从嘴基经眼至耳区有一棕褐色纹；眉纹淡黄白色；上背灰褐沾棕，具棕白色羽缘，下背褐色；腰、尾上覆羽和尾羽黑褐色。

生态习性：主要吃植物性食物，常见的主要为水生植物的叶、嫩芽、茎、根和浮藻等水生藻类，以及草籽和谷物种子，也吃昆虫、软体动物等动物性食物。

地理分布：在衡水湖分布较广，有水面区域皆有分布。

观测季节：一年四季皆可观测到，夏季在衡水湖繁殖，冬季在衡水湖越冬。

形态特征: 体长44～55厘米,体重0.7～1千克。雄鸟嘴黑色,脚橙黄色; 上体暗褐色,背上部具白色波状细纹,腹白色,胸暗褐色而具新月形白斑。 雌鸟嘴橙黄色,嘴峰黑色,上体暗褐色而具白色斑纹,翼镜白色。

生态习性: 常成小群活动,也喜欢与其他野鸭混群。性胆小而机警,有 危险时立刻从水草中冲出。以水生植物为主,常在水边水草丛中觅食。 除食水生植物外,也常到岸上或农田中觅食青草、草籽、浆果和谷粒。

地理分布: 在衡水湖东湖、周边池塘以及滏东排河区域皆有分布。

观测季节: 一年四季皆可观测到,春冬季数量较多。

| 绿头鸭 | *Anas platyrhynchos* | + + + + |

形态特征：体长 47 ～ 65 厘米。雄鸟嘴黄绿色或橄榄绿色，嘴甲黑色；雌鸟嘴黑褐色，嘴端暗棕黄色。幼鸟似雌鸟，但喉较淡，下体白色，具黑褐色斑和纵纹。

生态习性：绿头鸭系杂食性。主要以野生植物的叶、芽、茎及水藻、种子等植物性食物为食，也吃软体动物、甲壳类、水生昆虫等动物性食物，秋季迁徙和越冬期间也常到收割后的农田觅食散落在地上的谷物。

地理分布：在衡水湖分布较广，有水面区域皆有分布。

观测季节：一年四季皆可观测到，夏季在衡水湖繁殖，冬季在衡水湖越冬。

形态特征： 体长 40 ～ 50 厘米，体重 0.4 ～ 1 千克。雄鸭繁殖期头顶暗栗色，头侧、颈侧和颈冠铜绿色，额基有一白斑；颏、喉白色，其上有一黑色横带位于颈基处。身体满杂以黑白相间波浪状细纹；雌鸭略较雄鸭小，上体黑褐色，下体棕白色，满布黑斑。

生态习性： 成群活动，有时也与其他鸭子混群，主要以水藻、水生植物嫩叶、种子、草叶等植物性食物为食。

地理分布： 在衡水湖东湖、周边池塘以及滏东排河区域皆有分布。

观测季节： 一年四季皆可观测到，春冬季数量较多。

| 花脸鸭 | *Sibirionetta formosa* | 国家二级保护野生动物 | + + + |

形态特征：体长 37 ～ 44 厘米，体重 0.5 千克左右。雄鸭羽色极为艳丽，特别是脸部由黄、绿、黑、白等多种色彩组成的花斑状极为醒目。胸侧和尾基两侧各有一条垂直白带，可以明显区别于其他野鸭。

生态习性：是一种喜欢集群的鸭类，特别是冬季常集成大群，也常和别的鸭混群。白天常成小群或与其他野鸭混群游泳或漂浮于开阔的水面休息，夜晚则成群飞往附近田野、沟渠或湖边浅水处寻食。主要以轮叶藻、柳叶藻、菱角、水草等各类水生植物的芽、嫩叶、果实和种子为食。

地理分布：在衡水湖东湖湖面、周边池塘以及滏东排河区域皆有分布。

观测季节：春、秋、冬三季皆可观测到，在衡水湖越冬。

形态特征：体长 35 ～ 40 厘米，体重约 0.5 千克。嘴、脚均为黑色。头至颈部深栗色，头顶两侧从眼开始有一条宽阔的绿色带斑一直延伸至颈侧，尾下覆羽黑色，两侧各有一黄色三角形斑，在水中游泳时，极为醒目。

生态习性：喜集群，特别是迁徙季节和冬季，常集成数百甚至上千只的大群活动。除吃植物性食物外，也吃螺、甲壳类、软体动物、水生昆虫和其他小型无脊椎动物。觅食主要在水边浅水处。

地理分布：在衡水湖东湖湖面、周边池塘以及滏东排河区域皆有分布。

观测季节：春、秋、冬三季皆可观测到，在衡水湖越冬。

针尾鸭   *Anas acuta*   + +

形态特征：体长 45 ～ 65 厘米。雄鸭背部满杂以淡褐色与白色相间的波状横斑，头暗褐色，颈侧有白色纵带与下体白色相连，翼镜铜绿色，正中一对尾羽特别延长。雌鸭体型较小，上体大都黑褐色，杂以黄白色斑纹。

生态习性：飞行迅速，喜集群，主要以草籽和其他水生植物，如浮萍、松藻、芦苇、菖蒲等植物嫩芽和种子等植物性食物为食，也到农田觅食散落的谷粒。

地理分布：在衡水湖主要分布在周边池塘。

观测季节：春、秋两季可观测到，数量较少。

形态特征：体长 43 ～ 51 厘米，体重 0.5 千克左右。雄鸭头至上颈暗绿色而具光泽，背黑色，背的两边以及外侧肩羽和胸白色，且连成一体，翼镜金属绿色，腹和两胁栗色；脚橙红色，嘴黑色，大而扁平，先端扩大成铲状，形态极为特别。雌鸭略较雄鸭小，外貌特征亦不及雄鸭明显，也有大而呈铲状的嘴。

生态习性：趾间有蹼，但很少潜水，游泳时尾露出水面，善于在水中觅食、戏水和求偶交配；以植物为主食，也吃无脊椎动物和甲壳动物。

地理分布：在衡水湖主要分布在周边池塘、滏东排河区域。

观测季节：春、秋、冬三季皆可观测到。

形态特征： 体长 54～68 厘米，体重 1.5～2 千克。雄鸟头和上颈黑褐色而具绿色金属光泽，枕部有短的黑褐色冠羽，使头颈显得较为粗大。下颈、胸以及整个下体和体侧白色，背黑色，翅上有大型白斑，腰和尾灰色。雌鸟头和上颈棕褐色，上体灰色，下体白色，冠羽短，棕褐色。

生态习性： 常成小群，迁徙期间和冬季也常集成数十甚至上百只的大群，偶尔也见单只活动。游泳时颈伸得很直，有时也将头浸入水中频频潜水；主要以小鱼为食，也大量捕食软体动物、甲壳类等水生无脊椎动物，偶尔也吃少量植物性食物。

地理分布： 在衡水湖分布于湖区、滏东排河等区域。

观测季节： 春、秋、冬三季可以观测到，在衡水湖越冬。

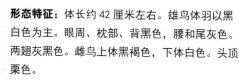

形态特征：体长约 42 厘米左右。雄鸟体羽以黑白色为主。眼周、枕部、背黑色，腰和尾灰色。两翅灰黑色。雌鸟上体黑褐色，下体白色。头顶栗色。

生态习性：通常 7～8 只至 10 余只一群，有时也多至数十只的大群。特别是迁徙季节和冬季。通常雌雄分别集群，一般喜欢在平静的湖上活动，食物包括小型鱼类、甲壳类、贝类、水生昆虫石蚕等无脊椎动物，偶尔也吃少量植物性食物，如水草、种子、树叶等。

地理分布：在衡水湖分布于湖区、滏东排河、盐河故道等区域。

观测季节：春、秋、冬三季可以观测到，在衡水湖越冬。

青头潜鸭 | *Aythya baeri* | 国家一级保护野生动物 | ＋＋

形态特征： 体长 43～47 厘米。体圆，头大，雄鸟头和颈黑色，并具绿色光泽，眼白色；下腹杂有褐斑，两肋淡栗褐色，具白色端斑。雌鸟头和颈黑褐色，头侧、颈侧棕褐色，眼褐色或淡黄色；前颈和喉也为褐色，稍杂以白色斑点；两翅、腰和尾上尾下覆羽与雄鸟相同。

生态习性： 善潜水和游泳，在水面起飞也甚灵活。受惊时能立刻从水面冲起。主要以各种水草的根、叶、茎和种子等为食，也吃软体动物、水生昆虫、甲壳类、蛙等动物性食物。觅食方式主要通过潜水，但也能在水边浅水处直接伸头摄食。

地理分布： 在衡水湖主要分布在小湖、南李庄鱼塘、滏东排河、冀码渠等区域。

观测季节： 一年四季皆可观测到，夏季在衡水湖繁殖，可观测到的数量较少，冬季在衡水湖越冬，数量较多。

形态特征：体长 37 ～ 43mm，雄鸟头、颈浓栗色，颏部有一三角形白色小斑；上体黑褐色，上背和肩有不明显的棕色虫蠹状斑，或具棕色端边。雌鸟与雄鸟基本相似，但色较暗些。

生态习性：极善潜水，但在水下停留时间不长。常在富有芦苇和水草的水面活动，并潜伏于其中。主要以各种水草的根、叶、茎和种子等为食，也吃软体动物、水生昆虫、甲壳类、蛙等动物性食物。

地理分布：在衡水湖主要分布在湖区、南李庄鱼塘、滏东排河等区域。

观测季节：一年四季皆可观测到，夏季在衡水湖繁殖，冬季在衡水湖越冬。

凤头潜鸭　　*Aythya fuligula*　　++

形态特征：体长 40 ～ 47 厘米，体重 0.55 ～ 0.9 千克。头部具长羽冠，雄鸟亮黑色，腹部及体侧白。雌鸟深褐，两胁褐而羽冠短，尾下羽偶为白色。

生态习性：为深水鸟类，善于收拢翅膀潜水。杂食性，主要以水生植物和鱼虾贝壳类为食。繁殖期雄鸭协助雌鸭选择营巢地点，在地面刨出浅坑或集一堆苇草筑巢。雌雄共同参与雏鸟的养育。

地理分布：在衡水湖主要分布于东湖湖面、周边池塘以及滏东排河等区域。

观测季节：春、秋、冬三季可观测到，在衡水湖越冬。

形态特征：体长 40～50 厘米，体重 0.8 千克左右。雄鸭头顶呈红褐色，圆形，胸部和肩部黑色，其他部分大都为淡棕色。雌鸟大都呈淡棕色，翼灰色，腹部灰白。

生态习性：迁徙鸟类。杂食性，主要以水生植物和鱼虾贝壳类为食。

地理分布：在衡水湖主要分布于东湖湖面和滏东排河区域。

观测季节：春、秋、冬三季可观测到，在衡水湖越冬。

赤麻鸭 — *Tadorna ferruginea* — +++

形态特征：体长 50 ～ 70 厘米，体重约 1.5kg，比家鸭稍大。全身赤黄褐色，翅上有明显的白色翅斑和铜绿色翼镜；嘴、脚、尾黑色；雄鸟有一黑色颈环。

生态习性：迁徙鸟类，以各种谷物、昆虫、甲壳动物、蛙、虾、水生植物为食。

地理分布：在衡水湖主要分布于东湖湖面和滏东排河区域。

观测季节：春、秋、冬三季可观测到，在衡水湖越冬。

翘鼻麻鸭　　　*Tadorna tadorna*　　　+

形态特征：体长 55～65 厘米，体重 0.6～1.7 千克。体羽大都白色，头和上颈黑色，具绿色光泽；嘴向上翘，红色；繁殖期雄鸟上嘴基部有一红色瘤状物。

生态习性：冬季常数十至上百只结群活动。翘鼻麻鸭食性很杂，主要以水生昆虫、藻类、软体动物、小鱼和鱼卵等动物性食物为食，也吃植物叶片、嫩芽和种子等植物性食物。

地理分布：在衡水湖主要分布于东湖湖面及周边池塘。

观测季节：春、秋两季可以观测到，数量较少。

| 鸳鸯 | *Aix galericulata* | 国家二级保护野生动物 | + + |

形态特征： 体长 35～43 厘米。雌雄异色，雄鸟嘴红色，脚橙黄色，羽色鲜艳而华丽，头具艳丽的冠羽，眼后有宽阔的白色眉纹，翅上有一对栗黄色扇状直立羽，像帆一样立于后背，非常醒目，野外极易辨认。雌鸟嘴黑色，脚橙黄色，头和整个上体灰褐色，眼周白色，其后连一细的白色眉纹，亦极为醒目和独特。

生态习性： 除繁殖期外，常成群活动，善游泳和潜水，在地上行走也很好，除在水上活动外，也常到陆地上活动和觅食。杂食性。食物的种类常随季节和栖息地的不同而有变化，繁殖季节以动物性食物为主，冬季的食物几乎都是栎树等植物的坚果。

地理分布： 在衡水湖主要分布在周边池塘。

观测季节： 春、秋两季可观测到，种群数量较少。

鹊鸭　　　*Bucephala clangula*　　　++

形态特征： 体长 32 ～ 69 厘米，体重 0.5 ～ 1 千克。嘴短粗，颈亦短，尾较尖。雄鸭头黑色，两颊近嘴基处有大型白色圆斑。嘴黑色，眼金黄色，脚橙黄色。下体白色，翅上有大型白斑，特征极明显，容易识别。雌鸟略小，嘴黑色，头和颈褐色，眼淡黄色，颈基有白色颈环；上体淡黑褐色，上胸、两胁灰色；其余下体白色。

生态习性： 一般 10 ～ 20 多只，性机警而胆怯，常常很远见人就飞走或游开。善潜水，一次能在水下潜泳 30 秒左右。通过潜水觅食。食物主要为昆虫、蠕虫、甲壳类、软体动物、小鱼、蛙以及蝌蚪等水生动物。

地理分布： 在衡水湖东湖湖面、滏东排河区域皆有分布。

观测季节： 春、夏、秋三季皆可观测到，种群数量较少。

鹤形目
GRUIFORMES

白骨顶

Fulica atra

+ + + +

形态特征： 体长 35～45 厘米，嘴长度适中，高而侧扁。头具额甲，白色，端部钝圆。翅短圆，体羽全黑或暗灰黑色，多数尾下覆羽有白色，两性相似。

生态习性： 除繁殖期外，常成群活动，特别是迁徙季节，常成数十只甚至上百只的大群，偶尔亦见单只和小群活动，有时亦和其他鸭类混群栖息和活动。善游泳和潜水，一天的大部分时间都游弋在水中。杂食性，主要吃小鱼、虾、水生昆虫、水生植物嫩叶、幼芽、果实、蔷薇果和其他各种灌木浆果与种子，也吃眼子菜、轮藻、黑藻、丝藻、茨藻和小茨藻等藻类。

地理分布： 属于衡水湖优势物种，在衡水湖有水面区域皆有分布。

观测季节： 一年四季皆可观测到，种群数量较多，夏季在衡水湖繁殖，冬季在衡水湖越冬。

黑水鸡　　　*Gallinula chloropus*　　　＋＋＋＋

形态特征：体长 30～40 厘米。嘴长度适中，鼻孔狭长；通体黑褐色，嘴黄色，嘴基与额甲红色，两胁具宽阔的白色纵纹，尾下覆羽两侧亦为白色，中间黑色，黑白分明，甚为醒目。脚黄绿色，脚上部有一鲜红色环带

生态习性：常成对或成小群活动。善游泳和潜水，游泳和潜水于临近芦苇和水草边的开阔深水面上，遇人立刻游进苇丛或草丛，或潜入水中到远处再浮出水面，以水生植物嫩叶、幼芽、根茎以及水生昆虫、蠕虫、蜘蛛、软体动物、蜗牛等为食。

地理分布：属于衡水湖优势物种，在衡水湖有水面区域皆有分布。

观测季节：一年四季皆可观测到，种群数量较多，夏季在衡水湖繁殖，冬季在衡水湖越冬。

小田鸡 · *Zapornia pusilla* · ++

形态特征：体长 17 ～ 18 厘米，嘴短，背部具白色纵纹，两胁及尾下具白色细横纹。雄鸟头顶以及上体红褐，胸及脸灰色。雌鸟色暗，耳羽褐色。

生态习性：善于在芦苇、香蒲丛中穿行，极少飞行。常单独行动，性胆怯，受惊即迅速窜入植物中。杂食性，主要以水生昆虫及其幼虫为食。

地理分布：在衡水湖主要分布在周边池塘的芦苇、香蒲丛中。

观测季节：春、夏、秋三季可观测到，夏季在衡水湖繁殖。

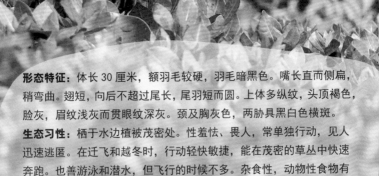

形态特征：体长 30 厘米，额羽毛较硬，羽毛暗黑色。嘴长直而侧扁，稍弯曲。翅短，向后不超过尾长，尾羽短而圆。上体多纵纹，头顶褐色，脸灰，眉纹浅灰而贯眼纹深灰。颈及胸灰色，两胁具黑白色横斑。

生态习性：栖于水边植被茂密处。性羞怯、畏人，常单独行动，见人迅速逃匿。在迁飞和越冬时，行动轻快敏捷，能在茂密的草丛中快速奔跑。也善游泳和潜水，但飞行的时候不多。杂食性，动物性食物有小鱼、甲壳类动物、蚯蚓和水生昆虫及其幼虫，植物性食物有嫩枝、根、种子、浆果和果实。

地理分布：在衡水湖主要分布在湖中芦苇、香蒲区以及周边池塘。

观测季节：春、夏、秋三季可观测到，夏季在衡水湖繁殖。

形态特征：体长 30 ～ 38 厘米，上体暗石板灰色，两颊、喉以至胸、腹均为白色，与上体形成黑白分明的对照。下腹和尾下覆羽栗红色。成鸟两性相似，雌鸟稍小。

生态习性：善奔走，不善飞行，在芦苇或水草丛中潜行，亦稍能游泳，偶作短距离飞翔，以昆虫、小型水生动物以及植物种子为食。

地理分布：在衡水湖主要分布在周边池塘的芦苇、香蒲丛中。

观测季节：春、夏、秋三季皆可观测到，行踪隐蔽，不易发现。

| 灰鹤 | *Grus grus* | 国家二级保护野生动物 | + + + + |

形态特征： 体长 100 ～ 120 厘米。颈、脚均甚长，全身羽毛大都灰色，头顶裸出皮肤鲜红色，眼后至颈侧有一灰白色纵带，脚黑色。成鸟两性相似，雌鹤略小。

生态习性： 常成 5 ～ 10 余只的小群活动，迁徙期间有时集群多达 40 ～ 50 只，在越冬地集群个体多达数百只。性机警，胆小怕人。杂食性，但以植物为主，包括根、茎、叶、果实和种子，喜食芦苇的根和叶，夏季也吃昆虫、蚯蚓、蛙、蛇、鼠等，它能利用新的生境并适应不同生境中的不同食物，从水生植物、谷粒和种子到小型无脊椎动物。

地理分布： 在衡水湖主要分布在湖区结冰的芦苇、香蒲丛中以及周边农田。

观测季节： 秋、冬两季可观测到，在衡水湖越冬。

鸨形目

OTIDIFORMES

大鸨   *Otis tarda*   国家一级保护野生动物   +

形态特征： 体长 75～110 厘米，成鸟两性体形和羽色相似，但雌鸟较小。繁殖期的雄鸟前颈及上胸呈蓝灰色，头顶中央从嘴基到枕部有一黑褐色纵纹，在喉侧向外突出如须，长达 10～12 厘米。上体栗棕色满布黑色粗横斑和黑色虫蠹状细横斑。

生态习性： 性耐寒，机警，很难靠近，善奔走、不鸣叫，一年中的大部分时间集群活动，形成由同性别和同年龄个体组成的群体；在同一社群中，雌群和雄群相隔一定的距离。主要吃植物的嫩叶、嫩芽、嫩草、种子以及昆虫、蚱蜢、蛙等动物性食物，特别是象鼻虫、蝗虫等农田害虫，有时也在农田中取食散落在地的谷粒等。

地理分布： 在衡水湖主要分布在周边农田区域。

观测季节： 秋、冬两季可观测到。

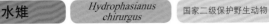

| 水雉 | *Hydrophasianus chirurgus* | 国家二级保护野生动物 | ＋＋ |

形态特征：体长 40 ～ 55 厘米，夏羽头、颏、喉和前颈白色，后颈金黄色，枕黑色，往两侧延伸成一条黑线，沿颈侧而下与胸部黑色相连，将前颈白色和后颈金黄色截然分开。冬羽头顶和后颈黑褐色，具白色眉纹，颈侧具黄色纵带，一条粗的黑褐色贯眼纹沿颈侧黄色纵带前面而下，与宽阔的黑褐色胸带相连。其余下体白色。

生态习性：单独或成小群活动，冬季有时亦集成大群。能在漂浮于水面的百合、莲、菱角等水生植物上来回奔走和停息，以昆虫、虾、软体动物、甲壳类等小型无脊椎动物和水生植物为食。

地理分布：在衡水湖主要分布在东湖湖区、周边池塘的芦苇、香蒲丛中。

观测季节：春、夏、秋三季皆可观测到，行踪隐蔽，常在荷叶、芡实上觅食。夏季在衡水湖繁殖。

凤头麦鸡	*Vanellus vanellus*	+ +

形态特征：体长 20 ～ 35 厘米。头顶具细长而稍向前弯的黑色冠羽，像突出于头顶的角，甚为醒目。鼻孔线形，位于鼻沟里。鼻沟的长度超过嘴长的一半，翅形圆。

生态习性：常成群活动，特别是冬季，常集成数十至数百只的大群。善飞行但飞行高度不高。主要吃甲虫、金花虫、天牛幼虫、蚂蚁等昆虫，也吃虾、蜗牛、螺、蚯蚓等小型无脊椎动物和大量杂草种子及植物嫩叶。

地理分布：在衡水湖主要分布在西湖湿地、滏阳新河恢复区等区域。

观测季节：春、夏、秋三季皆可观测到，夏季在衡水湖繁殖。

| 灰头麦鸡 | *Vanellus cinereus* | + + + |

形态特征：体长 30 ～ 35 厘米，夏羽头、颈、胸灰色，后颈缀有褐色，多呈淡灰褐色。背、两肩、腰淡褐色，具金属光泽，腰部两侧、尾上覆羽和尾羽白色。

生活习性：成双或集小群活动于开阔的沼泽、水田、耕地、草地，常在空中上下翻飞，飞行速度较慢，两翅迟缓地扇动，飞行高度亦不高。主要啄食甲虫、蝗虫等，也吃水蛭、蚯蚓、螺等环节动物和软体动物，以及植物叶和种子。

地理分布：在衡水湖主要分布在西湖湿地、滏阳新河恢复区、冀码渠河道等区域。

观测季节：春、夏、秋三季皆可观测到，夏季在衡水湖繁殖。

形态特征： 体长约 16 厘米。属中小型涉禽。额前和眉纹白色，头顶前部具黑色斑，且不与穿眼黑褐纹相连，后颈具一条白色领圈。羽毛的颜色为灰褐色，中趾最长，后趾形小或退化。

生态习性： 迁徙期集群活动，在集小群觅食时，环颈鸻的啄食频次显著大于不集群的时候。以蠕虫、昆虫、软体动物为食，兼食小型甲壳类、软体动物、昆虫、蠕虫等，也食植物的种子和叶片。

地理分布： 在衡水湖主要分布在小湖隔堤、西湖湿地等区域。

观测季节： 春、夏、秋三季皆可观测到，夏季在衡水湖繁殖。

金眶鸻   *Charadrius dubius*   +++

形态特征：体长 15～18 厘米。上体沙褐色，下体白色。有明显的白色领圈，其下有明显的黑色领圈，眼后白斑向后延伸至头顶相连。羽毛的颜色为灰褐色，常随季节和年龄而变化。

生态习性：常单只或成对活动，偶尔也集成小群，特别是在迁徙季节和冬季，常活动在水边沙滩或沙石地上，活动时行走速度甚快，常边走边觅食，主要吃昆虫、蜘蛛、甲壳类、软体动物等小型水生无脊椎动物。

地理分布：在衡水湖主要分布在小湖隔堤、西湖湿地等区域。

观测季节：春、夏、秋三季皆可观测到，夏季在衡水湖繁殖。

形态特征：体长 18 ～ 24 厘米，属中小型涉禽。前颈白色，眉纹白色，耳羽黑褐色；头顶前部具黑色带斑；上体灰褐色，后颈的白色领环延至胸前；其下部是一黑色胸带。下体白色，嘴峰黑色。

生态习性：单只或 3 ～ 5 只集群活动。食物为昆虫、蜘蛛、植物碎片和细根等，包括小虾、昆虫、淡水螺、蚂蚁、苍蝇、蚯蚓等。

地理分布：在衡水湖主要分布在西湖湿地、河套恢复区等区域。

观测季节：春、夏、秋三季皆可观测到，夏季在衡水湖繁殖。

形态特征： 体长 25 厘米左右。嘴细长，尖端向下弯曲，雄鸟头具淡黄色中央纹。眼周黄色，并向后延伸成一柄状带。背具白色横斑，两侧具黄色纵带。胸侧至背有一白色宽带。雌鸟喉和前颈粟色。眼周和向后延伸的柄白色。

生态习性： 单独或成小群活动，白天常隐藏在草丛中，多在夜间和晨昏活动觅食。飞行速度较慢，飞行时双脚下垂。能游泳和潜水，性胆怯；主要以水蚯蚓、虾、蟹、螺、昆虫为食，也吃植物叶、芽、种子和谷物。

地理分布： 在衡水湖主要分布在周边池塘芦苇、香蒲丛及滏东排河、滏阳新河河道边。

观测季节： 春、夏、秋三季皆可观测到，夏季在衡水湖繁殖。

形态特征：体长 36 ～ 44 厘米。嘴、脚、颈皆较长，是一种细高而鲜艳的鸟类。嘴长而直微向上翘，尖端较钝、黑色，基部肉色。夏季头、颈和上胸栗棕色，腹白色，背具粗著的黑色、红褐色和白色斑点。冬季上体灰褐色、下体灰色，头、颈、胸淡褐色。

生态习性：栖息于湖边和附近的草地与低湿地上。单独或成小群活动，冬季偶尔也集成大群。主要以水生和陆生昆虫、甲壳类和软体动物为食。

地理分布：在衡水湖主要分布在周边池塘、西湖湿地等区域。

观测季节：春、秋两季可观测到，在衡水湖属于旅鸟，停留时间较短。

形态特征: 体长 65 厘米。上体黑褐色,羽缘白色和棕白色,使上体呈黑白而沾棕的花斑状。嘴甚长而下弯,下背及尾褐色,下体皮黄。

生态习性: 栖息于湖泊、芦苇沼泽、水塘,以及附近的湿草地和水稻田边,有时也出现于林中小溪边及附近开阔湿地。主要以甲壳类、软体动物、蠕形动物、昆虫和幼虫为食。

地理分布: 在衡水湖主要分布在西湖湿地、周边池塘浅水区。

观测季节: 在衡水湖属于旅鸟,春、秋两季可观测到。

| 白腰杓鹬 | *Numenius arquata* | 国家二级保护野生动物 | + + |

形态特征： 体长 57～62 厘米。中型涉禽，眉纹色浅，嘴黑色、细长而向下弯曲呈弧状；头、颈淡褐色具黑褐色纵纹；头顶具淡褐色冠纹。背淡褐色具皮黄色和白色斑纹。前颈、颈侧、胸、腹棕白色或淡褐色、具灰褐色纵纹；腹、两胁白色具粗著的黑褐色斑点；下腹和尾下覆羽白色，腋羽和翼下覆羽亦为白色。

生态习性： 栖息于湖泊、芦苇沼泽、水塘，以及附近的湿草地和水稻田边，有时也出现于林中小溪边及附近开阔湿地。主要以甲壳类、软体动物、蠕形动物、昆虫为食。

地理分布： 在衡水湖主要分布在西湖湿地、周边池塘浅水区。

观测季节： 在衡水湖属于旅鸟，春、秋两季可观测到。

形态特征：体长 38～45 厘米。中型涉禽，眉纹色浅，嘴黑色、细长而向下弯曲呈弧状；头、颈淡褐色具黑色纵纹；头顶具乳黄色中央冠纹。背黑褐色具皮黄色和白色斑纹。下体淡褐色，胸具黑褐色纵纹，两胁具黑褐色横斑。飞翔时可见腰和尾上覆羽白色，脚蓝灰色或青灰色。

生态习性：栖息于湖泊、芦苇沼泽、水塘，以及附近的湿草地和水稻田边，有时也出现于林中小溪边及附近开阔湿地。主要以甲壳类、软体动物、蠕形动物、昆虫为食。

地理分布：在衡水湖主要分布在西湖湿地、周边池塘浅水区。

观测季节：在衡水湖属于旅鸟，春、秋两季可观测到。

形态特征：体长 35 厘米。体型较胖，腿短，嘴长且直。与沙锥相比体型较大，前额灰褐色，杂有淡黑褐色及赭黄色斑。头顶和枕绒黑色。

生态习性：栖息于沼泽、湿草地和林缘灌丛地带。夜行性的森林鸟。白天隐蔽，伏于地面，夜晚飞至开阔地进食。主要以昆虫、蚯蚓、蜗牛等小型无脊椎动物为食，有时也食植物根、浆果和种子。

地理分布：在衡水湖主要分布在西湖湿地、周边池塘浅水区。

观测季节：属于迁徙鸟类，春、秋两季可观测到。

形态特征： 体长 20 ～ 24 厘米，是一种黑白两色的内陆水边鸟类。夏季上体黑褐色具白色斑点。腰和尾白色，尾具黑色横斑。下体白色，胸具黑褐色纵纹。冬季颜色较灰，胸部纵纹不明显，为淡褐色。

生态习性： 常单独或成对活动，迁徙期间也常集成小群在放水翻耕的旱地上觅食，尤其喜欢肥沃多草的浅水田，主要以蠕虫、虾、蜘蛛、小蚌、田螺、昆虫等小型无脊椎动物为食，偶尔也吃小鱼和稻谷。

地理分布： 在衡水湖主要分布在小湖隔堤、西湖湿地等区域。

观测季节： 春、夏、秋三季皆可观测到，夏季在衡水湖繁殖。

形态特征：体长 25 ～ 32 厘米，夏季通体黑色，眼圈白色，在黑色的头部极为醒目。嘴细长、直而尖，下嘴基部红色，余为黑色；脚亦长细、暗红色。冬季背灰褐色，腹白色，胸侧和两胁具灰褐色横斑。

生态习性：单独或成分散的小群活动，主要以甲壳类、软体、蠕形动物以及水生昆虫为食物。

地理分布：在衡水湖主要分布在西湖湿地、周边池塘边。

观测季节：春、夏、秋三季皆可观测到，夏季在衡水湖繁殖。

红脚鹬

Tringa totanus

++

形态特征：体长 28 厘米，上体褐灰，下体白色，胸具褐色纵纹。飞行时腰部白色明显。尾上具黑白色细斑。嘴长直而尖，基部橙红色，尖端黑褐色。脚较细长，亮橙红色，繁殖期变为暗红色，幼鸟橙黄色。

生态习性：常成小群迁徙。主要以螺、甲壳类、软体动物、环节动物、昆虫等各种小型陆栖和水生无脊椎动物为食。

地理分布：在衡水湖主要分布在西湖湿地、排河、湖边的浅水区域。

观测季节：春、夏、秋三季皆可观测到，夏季在衡水湖繁殖。

形态特征：体长约 20 厘米，体型略小，纤细，褐灰色，腹部及臀偏白，腰白。上体灰褐色而极具斑点；眉纹长，白色；尾白而具褐色横斑。

生态习性：常单独或成小群活动，迁徙期也集成大群；主要以直翅目和鳞翅目昆虫、蠕虫、虾、蜘蛛、软体动物及甲壳类等小型无脊椎动物为食。

地理分布：在衡水湖主要分布在西湖湿地、滏东排河、湖边的浅水区域。

观测季节：春、夏、秋三季皆可观测到，夏季在衡水湖繁殖。

青脚鹬　　　*Tringa nebularia*　　　++

形态特征： 体长 30～35 厘米，上体灰黑色，有黑色轴斑和白色羽缘。下体白色，前颈和胸部有黑色纵斑。嘴微上翘，腿长、近绿色。

生态习性： 常单独或成对在水边浅水处涉水觅食，有时也进到齐腹深的水中，以虾、蟹、小鱼、螺、水生昆虫为食。

地理分布： 在衡水湖主要分布在西湖湿地、滏东排河、湖边的浅水区域。

观测季节： 春、夏、秋三季皆可观测到，夏季在衡水湖繁殖。

形态特征：体长 15 ～ 23 厘米。嘴黑色、较长，尖端微向下弯曲，脚黑色。夏季背栗红色具黑色中央斑和白色羽缘。眉纹白色。下体白色，颊至胸有黑褐色细纵纹。冬羽上体灰褐色，下体白色，胸侧缀灰褐色。

生态习性：性活跃、善奔跑，常沿水边跑跑停停，飞行快而直。有时也见单独活动。主要以甲壳类、软体动物、蠕虫、昆虫等各种小型无脊椎动物为食。

地理分布：在衡水湖主要分布在西湖湿地、滏东排河、湖边的浅水区域。

观测季节：春、夏、秋三季皆可观测到。

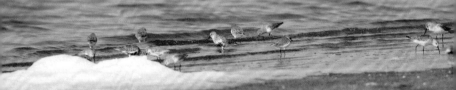

形态特征： 体长约 15 厘米，是一种灰褐色滨鹬。腿黑，上体色浅而具纵纹。冬羽上体灰褐，多具杂斑及纵纹；春、夏季头顶、颈的体羽及翅上覆羽棕色。与小滨鹬区别在嘴较粗厚，腿较短而两翼较长。

生态习性： 喜欢在水边浅水处和海边潮间地带活动和觅食，行动敏捷迅速。常边走边啄食以昆虫、蠕虫、甲壳类和软体动物。

地理分布： 在衡水湖主要分布在西湖湿地、滏东排河、湖边的浅水区域。

观测季节： 春、夏、秋三季皆可观测到。

形态特征： 体长 12～17 厘米。外形大小和长趾滨鹬相似。嘴黑色，脚黄绿色。夏羽上体灰黄褐色，头顶至后颈有黑褐色纵纹；下体白色，外侧尾羽纯白色。冬羽上体淡灰褐色具黑色羽轴纹。胸淡灰色，其余下体白色。

生态习性： 单独或成小群活动，迁徙期间有时亦集成大群。主要以昆虫、蠕虫、甲壳类和环节动物为食。常在水边沙滩、泥地、田埂上或浅水处边走边觅食。

地理分布： 在衡水湖主要分布在西湖湿地、滏东排河、湖边的浅水区域。

观测季节： 春、夏、秋三季皆可观测到。

形态特征：体长 15 ～ 23 厘米。嘴、脚均较短，上体黑褐色，下体白色，并沿胸侧向背部延伸，飞翔时明显可见尾两边的白色横斑和翼上宽阔的白色翼带。

生活习性：常单独或成对活动，非繁殖期亦成小群。主要以鞘翅目、直翅目、夜蛾、蝼蛄、甲虫等昆虫为食，也吃螺、蠕虫等无脊椎动物和小鱼以及蝌蚪等小型脊椎动物。

地理分布：在衡水湖主要分布在西湖湿地、滏东排河、湖边的浅水区域。

观测季节：春、夏、秋三季皆可观测到，夏季在衡水湖繁殖。

扇尾沙锥	*Gallinago gallinago*	+ +

形态特征：小型涉禽，体长 25 ～ 30 厘米。嘴粗长而直，上体黑褐色，头顶具乳黄色或黄白色中央冠纹；背、肩具乳黄色羽缘，形成 4 条纵带。颈和上胸黄褐色，具黑褐色纵纹。

生活习性：单独或成 3 ～ 5 只的小群活动。迁徙期间有时也集成 40 多只的大群。多在晚上和黎明与黄昏时候活动，主要以蚂蚁、金针虫、小甲虫、鞘翅目等昆虫、蠕虫、蜘蛛、蚯蚓和软体动物为食，偶尔也吃小鱼和杂草种子。

地理分布：在衡水湖主要分布在西湖湿地、滏东排河、湖边的浅水区域。

观测季节：春、夏、秋三季皆可观测到，夏季在衡水湖繁殖。

反嘴鹬 *Recurvirostra avosetta* +++

形态特征： 体长40～45厘米。嘴黑色，细长而向上翘。脚亦较长，青灰色。头顶从前额至后颈黑色，翼尖和翼上及肩部两条带斑黑色，其余体羽白色。

生态习性： 常单独或成对活动和觅食，但栖息时却喜成群。常活动在水边浅水处，步履缓慢而稳健，边走边啄食。也常将嘴伸入水中或稀泥里面，左右来回扫动觅食。 主要以小型甲壳类、水生昆虫、蠕虫和软体动物等小型无脊椎动物为食。觅食主要在水边浅水处和烂泥地上。

地理分布： 在衡水湖主要分布在西湖湿地、滏东排河、周边池塘、湖边的浅水区域。

观测季节： 春、夏、秋三季皆可观测到，夏季在衡水湖繁殖。

黑翅长脚鹬 *Himantopus himantopus* ＋＋＋＋

形态特征：体长 35 ～ 40 厘米，雄鸟额白色，头顶至后颈黑色，或白色而杂以黑色，腰和尾上覆羽白色，尾羽淡灰色，翅黑色，外侧尾羽近白色；雌鸟和雄鸟基本相似，但整个头、颈全为白色。

生态习性：常单独、成对或成小群在浅水中或沼泽地上活动。主要以软体动物、虾、甲壳类、环节动物、昆虫，以及小鱼和蝌蚪等动物性食物为食。常在水边浅水处、小水塘和沼泽地带以及水边泥地上觅食。

地理分布：在衡水湖主要分布在西湖湿地、滏东排河、周边池塘、湖边的浅水区域。

观测季节：春、夏、秋三季皆可观测到，夏季在衡水湖繁殖。

普通燕鸻   *Glareola maldivarum*   +++

形态特征： 体长 20～27 厘米。嘴短，基部较宽，尖端较窄而向下曲。夏羽上体茶褐色，腰白色，喉乳黄色。冬羽和夏羽相似，但嘴基无红色，尾黑色，呈叉状。飞行和栖息姿势很像家燕。

生态习性： 以小群至大群活动，性喧闹。善走，头不停点动。主要以金龟甲、蚱蜢、蝗虫、螳螂等昆虫为食，也吃蟹、甲壳类等其他小型无脊椎动物。

地理分布： 在衡水湖主要分布在池塘周边，以及湖边浅水区。

观测季节： 春、夏、秋三季皆可观测到，夏季在衡水湖繁殖。

红嘴鸥

Chroicocephalus ridibundus

++++

形态特征：体长 35 ～ 42 厘米，嘴和脚皆呈红色，身体大部分的羽毛是白色，尾羽黑色。夏季头咖啡色，冬季头白色。

生态习性：常 3 ～ 5 只成群活动，迁徙季节集大群活动，主要以小鱼、虾、水生昆虫、甲壳类、软体动物等水生无脊椎动物为食，也吃蝇、鼠类、蜥蜴等小型陆栖动物和死鱼，以及其他小型动物尸体。

地理分布：在衡水湖主要分布在芦苇、香蒲丛中，白天在水面觅食。

观测季节：春、秋、冬三季可观测到，冬天在衡水湖越冬，夏天偶有繁殖。

须浮鸥　　　*Chlidonias hybrida*　　　＋＋＋＋

形态特征： 体长 25～27 厘米，是一种体型略小的浅色燕鸥。腹部深色（夏季），尾浅开叉。繁殖期：额黑，胸腹灰色。非繁殖期：额白，头顶具细纹，顶后及颈背黑色，下体白。

生态习性： 常成群活动。频繁地在水面上空振翅飞翔。集小群活动，偶成大群，取食时扎入浅水或低掠水面。主要以小鱼、虾、水生昆虫等水生脊椎和无脊椎动物为食。觅食主要在水面和沼泽地上，有时也吃部分水生植物。

地理分布： 在衡水湖主要分布于大湖芦苇、香蒲丛等区域。

观测季节： 夏、秋两季可以观测到，夏季在衡水湖繁殖。

形态特征：体长 40 ～ 50 厘米。夏羽两性相似。头、颈、腰和尾上覆羽以及整个下体全为白色；背和两翅暗灰色。翅上初级覆羽黑色，其余覆羽暗灰色，冬羽和夏羽相似。

生态习性：常成群活动，主要以鱼类为食。

地理分布：在衡水湖主要分布于湖区范围。

观测季节：春、秋两季可观测到。

普通燕鸥　　　*Sterna hirundo*　　　+ + +

形态特征：体长约 35 厘米。头顶部黑色，背、肩和翅上覆羽鼠灰色或蓝灰色；颈、腰、尾上覆羽和尾白色。外侧尾羽延长，外侧黑色。下体白色，胸、腹沾葡萄灰褐色。

生态习性：普通燕鸥常呈小群活动，频繁地飞翔于水域或沼泽上空，以小鱼、虾等小型动物为食。

地理分布：在衡水湖主要分布于衡水湖大湖芦苇、香蒲丛区域。

观测季节：夏、秋两季可以观测到，夏季在衡水湖繁殖。

白额燕鸥 *Sterna albifrons* + + +

形态特征：体长 20 ～ 25 厘米。夏羽头顶、颈背及贯眼纹黑色，额白。冬羽头顶及颈背的黑色减少至月牙形。幼鸟似非繁殖期成鸟但头顶及上背具褐色杂斑，尾白而尾端褐。

生态习性：常成群结队活动，与其他燕鸥混群。振翼快速，常作徘徊飞行，潜水方式独特，入水快，飞升也快，以鱼虾、水生昆虫为主食。

地理分布：在衡水湖主要分布于大湖芦苇、香蒲丛区域。

观测季节：春、夏、秋三季可以观测到，夏季在衡水湖繁殖。

鸽形目

COLUMBIFORMES

珠颈斑鸠 · *Streptopelia chinensis* · ＋＋＋＋

形态特征：体长27～34厘米 ，头为灰色，上体大都褐色，下体粉红色，后颈有宽阔的黑色，其上满布以白色细小斑点形成的领斑，在淡粉红色的颈部极为醒目。

生态习性： 常成小群活动，有时也与其他斑鸠混群活动。常三三两两分散栖于相邻的树枝头。栖息环境较为固定，主要以各种植物果实与种子为食，也吃草籽、农作物谷粒和昆虫。

地理分布：在衡水湖主要分布在湖边、湖中岛高大乔木上。

观测季节：一年四季皆可观测到，夏季在衡水湖繁殖，冬季在衡水湖越冬。

灰斑鸠　　*Streptopelia decaocto*　　+ + + +

形态特征： 体长 28～35 厘米，其全身灰褐色，翅膀上有蓝灰色斑块，尾羽尖端为白色，颈后有黑色颈环，环外有白色羽毛围绕。

生态习性： 群居物种，多呈小群或与其他斑鸠混群活动，主要以各种植物果实与种子为食，也吃草籽、农作物谷粒和昆虫。

地理分布： 在衡水湖主要分布在湖边、湖中岛高大乔木上。

观测季节： 一年四季皆可观测到，夏季在衡水湖繁殖，冬季在衡水湖越冬。

形态特征： 体长约 32 厘米，嘴爪平直或稍弯曲，嘴基部柔软，颈和脚均较短。上体的深色扇贝斑纹体羽羽缘棕色，腰灰，尾羽近黑，尾梢浅灰。下体多偏粉色，脚红色。

生态习性： 成对或单独活动，多在开阔农耕区、村庄及房前屋后、寺院周围或小沟渠附近，取食于地面。食物多为带壳谷类。

地理分布： 在衡水湖主要分布在湖边、湖中岛高大乔木上。

观测季节： 一年四季皆可观测到，夏季在衡水湖繁殖，冬季在衡水湖越冬。

鹃形目

CUCULIFORMES

大杜鹃 *Cuculus canorus* ++++

形态特征：体长约 32 厘米。雄鸟上体纯暗灰色；两翅暗褐，翅缘白而杂以褐斑；尾黑，先端缀白；颏、喉、上胸及头和颈等的两侧均浅灰色，下体余部白色，杂以黑褐色横斑。雌雄外形相似，但雌鸟上体灰色沾褐，胸呈棕色。

生态习性：常单独活动。飞行快速而有力，常循直线前进。繁殖期间喜欢鸣叫，常站在乔木顶枝上鸣叫不息，"布谷—布谷"的粗犷而单调的声音。主要以松毛虫、舞毒蛾 、松针枯叶蛾以及其他鳞翅目幼虫为食，也吃蝗虫、步行甲、叩头虫、蜂等其他昆虫。

地理分布：在衡水湖主要分布在湖边及湖中岛屿树木上。

观测季节：夏、秋两季可观测到，夏季在衡水湖繁殖。

四声杜鹃　　*Cuculus micropterus*　　+ + + +

形态特征：体长 30 ～ 35 厘米。头顶和后颈暗灰色；头侧浅灰，上体和两翅表面深褐色；尾与背同色，但近端处具一道宽黑斑。下体自下胸以后均白，杂以黑色横斑；翅形尖长；尾具宽阔的近端黑斑，翅缘白而无斑。

生态习性：鸣声宏亮，四声一度，每度反复相隔 2 ～ 3 秒，常从早到晚经久不息，尤以天亮时为甚。叫声似 "gue—gue—gue—guo"，像汉语四个字音，主要以舞毒蛾以及其他鳞翅目幼虫为食，也吃蝗虫、步行甲、叩头虫、蜂等其他昆虫。

地理分布：在衡水湖主要分布在湖边及湖中岛屿树木上。

观测季节：夏、秋两季可观测到，夏季在衡水湖繁殖。

佛法僧目

CORACIIFORMES

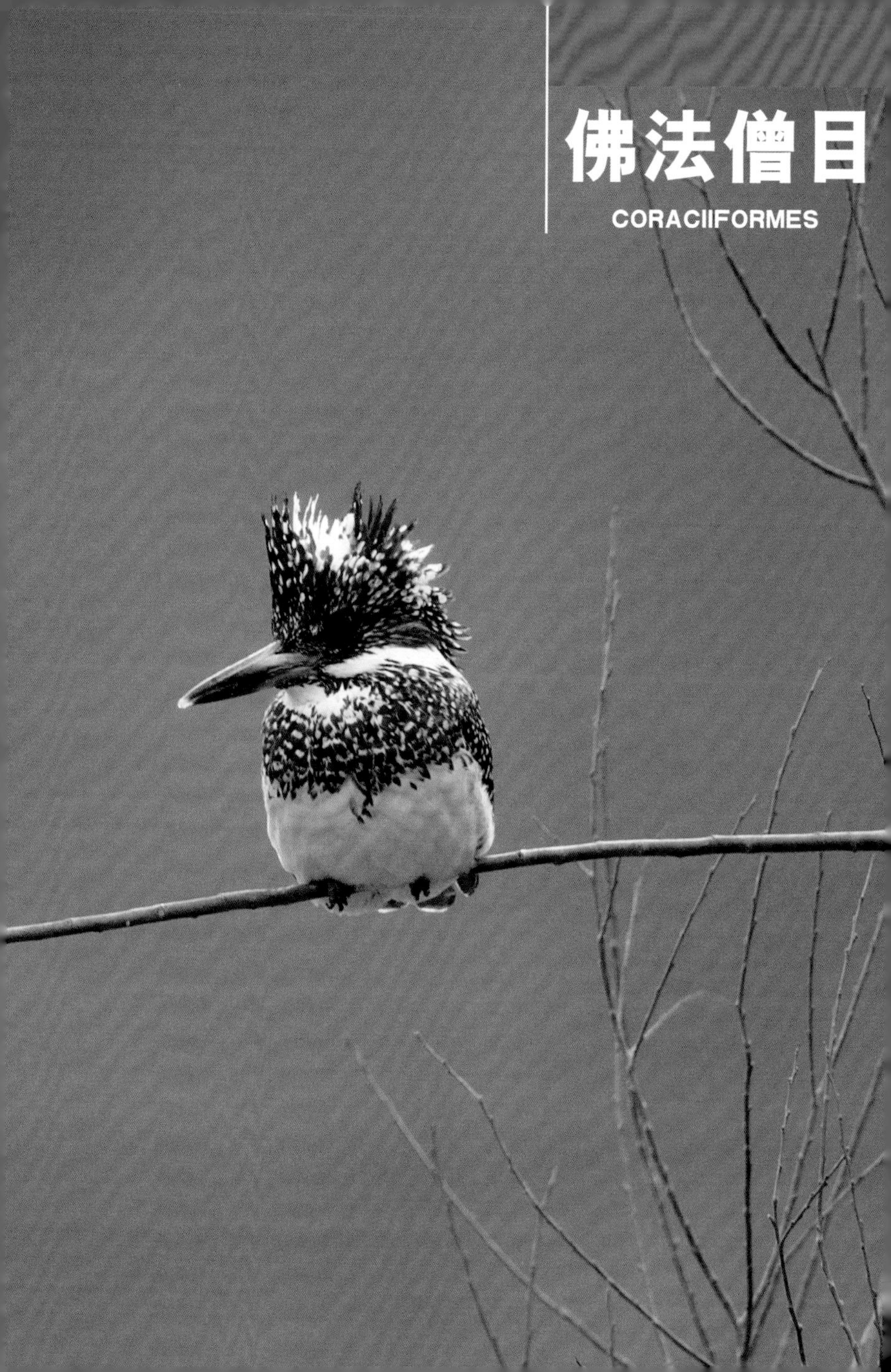

| 普通翠鸟 | *Alcedo atthis* | +++ |

形态特征： 体长约 16 厘米，体色较淡，耳覆羽棕色，翅和尾较蓝，下体较红褐，耳后有一白斑。雌鸟上体羽色较雄鸟稍淡，多蓝色，少绿色。头顶不为绿黑色而呈灰蓝色。胸、腹棕红色，但较雄鸟为淡，且胸无灰色。

生态习性： 单独活动，一般多停息在河边树桩和岩石上，有时也在临近河边小树的低枝上停息。经常长时间一动不动地注视着水面，一见水中鱼虾，立即以极为迅速而凶猛的姿势扎入水中用嘴捕取。有时亦鼓动两翼悬浮于空中，低头注视着水面，见有食物即刻直扎入水中，很快捕获而去。

地理分布： 在衡水湖主要分布在周边池塘及环湖岸线小乔木或灌木上。

观测季节： 春、夏、秋三季可观测到，夏季在衡水湖繁殖。

冠鱼狗　　*Megaceryle lugubris*　　+ +

形态特征：体长 25 厘米左右。具显著羽冠。体羽黑色，具许多白色椭圆或其他形状大斑点，羽冠中部基本全白色，只有少许白色圆斑点。

生态习性：栖息于湖边，食物以小鱼为主，兼吃甲壳类和多种水生昆虫及其幼虫，也啄食小型蛙类和少量水生植物。

地理分布：在衡水湖主要分布在周边池塘及环湖岸线小乔木或灌木上。

观测季节：春、夏、秋三季可观测到，夏季在衡水湖繁殖。

犀鸟目

BUCEROTIFORMES

戴胜 | *Upupa epops* | + + +

形态特征：体长 25 ～ 28 厘米。头顶羽冠长而阔，呈扇形，棕红色或沙粉红色，具黑色端斑和白色次端斑。头侧和后颈淡棕色，上背和肩灰棕色。下背黑色而杂有淡棕白色宽阔横斑。

生态习性：以虫类为食，在树上的洞内做窝。性活泼，喜开阔潮湿地面，长长的嘴在地面翻动寻找食物。有警情时冠羽立起，起飞后松懈下来。

地理分布：在衡水湖主要分布在湖边树木及周边农田。

观测季节：一年四季皆可观测到，夏季在衡水湖繁殖，冬季在衡水湖越冬。

啄木鸟目
PICIFORMES

形态特征：体长 20～25 厘米。上体主要为黑色，额、颊和耳羽白色，肩和翅上各有一块大的白斑。尾黑色，外侧尾羽具黑白相间横斑，飞羽亦具黑白相间的横斑。下体污白色，无斑；雄鸟枕部红色。

生态习性：常单独或成对活动，繁殖后期则成松散的家族群活动。多在树干和粗枝上觅食。觅食时常从树的中下部跳跃式地向上攀缘，如发现树皮或树干内有昆虫，就迅速啄木取食，用舌头探入树皮缝隙或从啄出的树洞内钩取害虫。

地理分布：在衡水湖主要分布在沿湖乔木上。

观测季节：一年四季可观测到。

形态特征：体长 25 厘米左右。雄鸟上体背部绿色，腰部和尾上覆羽黄绿色，额部和顶部红色，枕部灰色并有黑纹，尾大部为黑色。下体灰绿色。雌雄相似，但雌鸟头顶和额部非红色。

生态习性：常单独或成对活动，很少成群。飞行迅速，呈波浪式前进。常在树干的中下部取食，也常在地面取食，尤其是地上倒木和蚁冢上活动较多。主要以蚂蚁、小蠹虫、天牛幼虫等昆虫为食。

地理分布：在衡水湖主要分布在沿湖乔木上。

观测季节：一年四季可观测到。

形态特征：体长 14 ～ 18 厘米，额至头顶灰色或灰褐色，具一宽阔的白色眉纹自眼后延伸至颈侧。雄鸟在枕部两侧各有一深红色斑，上体黑色，下背至腰和两翅呈黑白斑杂状，下体具粗著的黑色纵纹。

生态习性：常单独或成对活动，主要以昆虫为食，偶尔也吃植物果实和种子。

地理分布：在衡水湖主要分布在沿湖乔木上。

观测季节：一年四季可观测到。

蚁䴕 *Jynx torquilla* + +

形态特征： 体长约17厘米。全身体羽黑褐色，斑驳杂乱，上体及尾棕褐色，自后枕至下背有一暗黑色菱形斑块；下体具有细小横斑，就啄木鸟而言，尾较长，有数条黑褐色横斑。

生态习性： 喜欢单独活动。受惊时颈部像蛇一样扭转，俗称"歪脖"。取食蚂蚁，舌长，具钩端及黏液，可伸入树洞或蚁巢中取食。

地理分布： 在衡水湖主要分布在沿湖乔木上。

观测季节： 春、夏两季可观测到，夏季在衡水湖繁殖.

雀形目
PASSERIFORMES

| 家燕 | *Hirundo rustica* | + + + + |

形态特征： 体长 14～19 厘米，嘴短而宽扁，基部宽大，呈倒三角形，上喙近先端有一缺刻；主要特点是上体发蓝黑色，还闪着金属光泽，腹面白色。

生态习性： 常可见到它们成对地停落在村落附近的田野和河岸的树枝、电杆和电线上，也常结队在田野、河滩飞行掠过。飞行时张着嘴捕食蝇、蚊等各种昆虫。鸣声尖锐而短促。

地理分布： 在衡水湖主要分布在周边池塘以及村庄。

观测季节： 春、夏两季可观测到，夏季在衡水湖繁殖。

| 崖沙燕 | *Riparia riparia* | + + + + |

形态特征：体长约 13 厘米，背羽褐色或砂灰褐色；胸具灰褐色横带，腹与尾下覆羽白毛，尾羽不具白斑。成鸟上体暗灰褐色，额、腰及尾上覆羽略淡。

生态习性：常成群生活，群体大小多为 30 ～ 50 只，有时亦见数百只的大群，主要以昆虫为食。捕食活动在空中，专门捕食空中飞行性昆虫，尤其善于捕捉接近地面和水面的低空飞行昆虫。

地理分布：在衡水湖主要分布在周边池塘以及村庄。

观测季节：春、夏两季可观测到，夏季在衡水湖繁殖。

| 金腰燕 | *Cecropis daurica* | ＋＋＋＋ |

形态特征： 体长16～18厘米。上体黑色，具有辉蓝色光泽，腰部栗色，脸颊部棕色，下体棕白色，而多具有黑色的细纵纹，尾甚长，为深凹形。最显著的标志是有一条栗黄色的腰带，浅栗色的腰与深蓝色的上体成对比，下体白而多具黑色细纹，尾长而叉深。

生态习性： 常成群活动，少则几只、十余只，多则数十只，迁徙期间有时集成数百只的大群。以昆虫为食，而且主要吃飞行性昆虫，主要有蚊、虻、蝇、蚁、胡蜂、蜂、蠊象、甲虫等。

地理分布： 在衡水湖主要分布在周边池塘以及村庄。

观测季节： 春、夏两季可观测到，夏季在衡水湖繁殖。

形态特征：体长约 18 厘米。额、头顶前部和脸白色，头顶后部、枕和后颈黑色。背、肩黑色或灰色，飞羽黑色。翅上小覆羽灰色或黑色，中覆羽、大覆羽白色或尖端白色，在翅上形成明显的白色翅斑。

生态习性：常单独、成对或成 3～5 只的小群活动。迁徙期间也见成 10 多只至 20 余只的大群。在地上慢步行走，或是跑动捕食。主要以昆虫为食，此外也吃蜘蛛等其他无脊椎动物，偶尔也吃植物种子、浆果等植物性食物。

地理分布：在衡水湖主要分布在湖边浅水区、西湖湿地及灌木丛中。

观测季节：春、夏、秋三季可观测到，夏季在衡水湖繁殖。

| 灰鹡鸰 | *Motacilla cinerea* | + + + |

形态特征：体长约 18 厘米。与黄鹡鸰的区别在上背灰色，飞行时白色翼斑和黄色的腰显现，且尾较长。体型较纤细。嘴较细长，先端具缺刻；常做有规律的上、下摆动；腿细长，后趾具长爪，适于在地面行走。

生态习性：常单独或成对活动，有时也集成小群或与白鹡鸰混群。飞行时两翅一展一收，呈波浪式前进。主要以昆虫为食。多在水边行走或跑步捕食，有时也在空中捕食。

地理分布：在衡水湖主要分布在湖边浅水区、西湖湿地及灌木丛中。

观测季节：春、夏、秋三季可观测到，夏季在衡水湖繁殖。

形态特征：体长 15 ～ 18 厘米。头顶蓝灰色或暗色。上体橄榄绿色或灰色，具白色、黄色或黄白色眉纹。飞羽黑褐色，具两道白色或黄白色横斑。尾黑褐色，最外侧两对尾羽大都白色。下体黄色。

生态习性：多成对或成 3 ～ 5 只的小群，迁徙期亦见数十只的大群活动。主要以昆虫为食，多在地上捕食，有时亦见在空中飞行捕食。食物种类主要有蚁、蚋、浮尘子等昆虫。

地理分布：在衡水湖主要分布在湖边浅水区、周边村庄、西湖湿地及灌木丛中。

观测季节：春、夏、秋三季可观测到，在衡水湖繁殖。

形态特征：体长 15～18 厘米，头鲜黄色，背黑色或灰色，有的后颈在黄色下面还有一窄的黑色领环，腰暗灰色。尾上覆羽和尾羽黑褐色，外侧两对尾羽具大型楔状白斑。

生态习性：常成对或成小群活动，也见有单独活动的，特别是在觅食时，迁徙季节和冬季，有时也集成大群。晚上多成群栖息，偶尔也和其他鹡鸰栖息在一起。主要以昆虫为食，偶尔也吃少量植物性食物。

地理分布：在衡水湖主要分布在池塘浅水区、周边村庄、西湖湿地及灌木丛中。

观测季节：春、夏、秋三季可观测到，在衡水湖繁殖。

形态特征： 体长约 15 厘米。上体橄榄绿色具褐色纵纹，尤以头部较明显。眉纹乳白色或棕黄色，耳后有一白斑。下体灰白色，胸具黑褐色纵纹。

生态习性： 野外停栖时，尾常上下摆动。常成对或成 3～5 只的小群活动，迁徙期间亦集成较大的群。多在地上奔跑觅食。性机警，受惊后立刻飞到附近树上，主要以昆虫及其幼虫为主要食物，在冬季兼吃些杂草种子等植物性的食物。

地理分布： 在衡水湖主要分布在沿湖林带中。

观测季节： 春、秋两季可观测到。

| 水鹨 | *Anthus spinoletta* | + + |

形态特征： 体长约 17 厘米，是体羽偏灰色而具纵纹的鹨。上体橄榄绿色具褐色纵纹，尤以头部较明显。眉纹乳白色或棕黄色，耳后有一白斑。下体灰白色，胸具黑褐色纵纹。

生态习性： 野外停栖时，尾常上下摆动。食物以昆虫为主，也吃蜘蛛、蜗牛等小型无脊椎动物，此外还吃苔藓、谷粒、杂草种子等植物性食物。

地理分布： 在衡水湖主要分布在沿湖林带以及周边农田。

观测季节： 春、秋两季可观测到。

形态特征： 体长 15～19 厘米。上体多为黄褐色或棕黄色，头顶和背具暗褐色纵纹，下体白色或皮黄白色，喉两侧有一暗褐色纵纹，胸具暗褐色纵纹。尾黑褐色，最外侧一对尾羽白色。

生态习性： 常单独或成对活动，迁徙季节亦成群。有时也和云雀混杂在一起在地上觅食。主要以昆虫为食，常见种类有甲虫、蝗虫、蚂蚁等。

地理分布： 在衡水湖主要分布在沿湖林带以及周边农田。

观测季节： 春、秋两季可观测到。

白头鹎   *Pycnonotus sinensis*   ++++

形态特征：体长 17 ～ 22 厘米，额至头顶纯黑色而富有光泽，两眼上方至后枕白色，形成一白色枕环。耳羽后部有一白斑，此白环与白斑在黑色的头部均极为醒目，老鸟的枕羽（后头部）更洁白，所以又叫"白头翁"。

生态习性：常成 3 ～ 5 只至 10 多只的小群活动，冬季有时亦集成 20 ～ 30 多只的大群。多在灌木和小树上活动，性活泼，不甚怕人，常在树枝间跳跃，或飞翔于相邻树木间。杂食性，既食动物性食物，也吃植物性食物。

地理分布：在衡水湖主要分布在湖边林带、灌木丛中。

观测季节：一年四季皆可观测到，夏季在衡水湖繁殖，冬季在衡水湖越冬。

红尾伯劳 *Lanius cristatus* +++

形态特征： 体长 18～21 厘米。上体棕褐或灰褐色，两翅黑褐色，头顶灰色或红棕色，具白色眉纹和粗著的黑色贯眼纹。尾上覆羽红棕色，尾羽棕褐色，尾呈楔形。颏、喉白色，其余下体棕白色。

生态习性： 单独或成对活动，性活泼，常在枝头跳跃或飞上飞下。有时亦高高站立在小树顶端或电线上静静地注视着四周，待有猎物出现时，才突然飞去捕猎，然后再飞回原来栖木上栖息。常猎捕地表的小动物和昆虫为食。

地理分布： 在衡水湖主要分布于湖边、滏东排河边林带中。

观测季节： 春、夏、秋三季可观测到，夏季在衡水湖繁殖。

楔尾伯劳　　*Lanius sphenocercus*　　+++

形态特征： 体长 25 ～ 35 厘米，嘴强健，具钩和齿，黑色贯眼纹明显，是伯劳中最大的个体。上体灰色，中央尾羽及飞羽黑色，翼表具大型白色翅斑。尾特长，凸形尾。

生态习性： 常单独或成对活动。喜站在高的树冠顶枝上守候、伺机捕猎附近出现的猎物。一有猎物出现，立刻飞去猎捕。食物主要为蝗虫、甲虫等昆虫，也常捕食小型脊椎动物，如蜥蜴、小鸟及鼠类。

地理分布： 在衡水湖主要分布于湖边、滏东排河边林带中。

观测季节： 春、夏、秋三季可观测到，夏季在衡水湖繁殖。

形态特征：体长 25 ～ 30 厘米。嘴粗壮而侧扁，先端具利钩和齿突，嘴须发达；翅短圆；尾长，圆形或楔形；头大，背棕红色。尾长、黑色，外侧尾羽皮黄褐色。

生态习性：常见在林旁、农田、果园、河谷、路旁和林缘地带的乔木树上与灌丛中活动，有时也见在田间和路边的电线上东张西望，一旦发现猎物，立刻飞去追捕，然后返回原处吞吃。性凶猛，不仅善于捕食昆虫，也能捕杀小鸟、蛙和啮齿类。

地理分布：在衡水湖主要分布于湖边、滏东排河边林带中。

观测季节：春、夏、秋三季可观测到，夏季在衡水湖繁殖。

灰山椒鸟　　*Pericrocotus divaricatus*　　++

形态特征： 体长约 18 厘米。上体灰色，两翅和尾黑色，翅上具斜行白色翼斑，外侧尾羽先端白色。前额、头顶前部、颈侧和下体均白色，具黑色贯眼纹。雄鸟头顶后部至后颈黑色，雌鸟头顶后部和上体均为灰色。

生态习性： 常成群在树冠层上空飞翔，边飞边叫，鸣声清脆，停留时常单独或成对栖于大树顶层侧枝或枯枝上。以叩头虫、甲虫、瓢虫等昆虫为食。

地理分布： 在衡水湖主要分布在湖边林带。

观测季节： 春、秋季可观测到。

| 黑卷尾 | *Dicrurus macrocercus* | + + + + |

形态特征： 全长约 30 厘米。通体黑色，上体、胸部及尾羽具辉蓝色光泽。尾长为深凹形，最外侧一对尾羽向外上方卷曲。

生态习性： 性喜结群、鸣闹、咬架，是好斗的鸟类，习性凶猛，特别在繁殖期间，如红脚隼、乌鸦、喜鹊等鸟类侵入或临近它的巢附近时，则奋起冲击入侵者，直至驱出巢区为止。 于空中捕食飞行昆虫，类似家燕敏捷地在空中滑翔翻腾。食物以昆虫为主，如蜻蜓、蝗虫、胡蜂、金花虫、瓢虫、蝉、天社蛾幼虫、蜡象等。

地理分布： 在衡水湖主要分布在湖边、滏东排河边乔木上。

观测季节： 一年四季皆可观测到，夏季在衡水湖繁殖，冬季在衡水湖越冬。

形态特征：体长 25 ～ 33 厘米，体形中等，嘴强健侧扁，嘴峰稍曲，先端具钩。鼻孔为垂羽悬掩。一般翅形长而稍尖，尾长而呈叉状，尾羽上有不明显的浅黑色横纹。

生活习性：主要栖息于村庄附近以及停留在高大乔木树冠顶端。主要以昆虫为食，如蜻象、白蚁和松毛虫，也吃植物种子。

地理分布：在衡水湖主要分布在湖边、滏东排河边乔木上以及周边村庄。

观测季节：一年四季皆可观测到，夏季在衡水湖繁殖，冬季在衡水湖越冬。

形态特征：体长约 18 厘米，背部紫色；两翼绿黑色并具醒目的白色翼斑；头及胸灰色，颈背具黑色斑块；腹部白色。

生态习性：性喜成群，除繁殖期成对活动外，其他时候多成群活动。常在河流、农田等潮湿地上觅食，休息时多栖于电线上和树木枯枝上。主要以昆虫为食，也吃少量植物果实与种子。

地理分布：在衡水湖主要分布在湖边、滏东排河边乔木上以及周边村庄。

观测季节：一年四季皆可观测到，夏季在衡水湖繁殖，冬季在衡水湖越冬。

形态特征： 体长 18 ～ 25cn，头顶至后颈黑色，额和头顶杂有白色，颊和耳覆羽白色微杂有黑色纵纹。上体灰褐色，尾上覆羽白色，嘴橙红色，尖端黑色，脚橙黄色。

生态习性： 性喜成群，除繁殖期成对活动外，其他时候多成群活动。主要以昆虫为食，也吃少量植物果实与种子。

地理分布： 在衡水湖主要分布在湖边、滏东排河边乔木上以及周边村庄。

观测季节： 一年四季皆可观测到，夏季在衡水湖繁殖，冬季在衡水湖越冬。

形态特征： 体长 23 ～ 28 厘米。通体黑色，前额有长而竖直的羽簇，有如冠状，翅具白色翅斑，飞翔时尤为明显。尾羽和尾下覆羽具白色端斑。嘴乳黄色，脚黄色。

生态习性： 性喜结群，集结于大树上，或成行站在屋脊上，每至暮时常呈大群翔舞空中，噪鸣片刻后栖息。以蝗虫、蚱蜢、金龟子、蛇、毛虫、地老虎、蝇、虱等昆虫为食，也吃谷粒、植物果实和种子等植物性食物。

地理分布： 在衡水湖主要分布在湖边、滏东排河边乔木上以及周边村庄。

观测季节： 春、夏、秋三季可以观测到，夏季在衡水湖繁殖。

松鸦 *Garrulus glandarius* ++

形态特征：体长约 30 厘米。翅短，尾长，羽毛蓬松呈绒毛状。头顶有羽冠，羽色随亚种而不同，一般额和头顶红褐色，嘴至喉侧有一粗长的黑色颊纹。上体葡萄棕色，尾上覆羽白色，尾和翅黑色，翅上有黑、白、蓝三色相间的横斑，极为醒目。

生态习性：除繁殖期多见成对活动外，其他季节多集成 3 ～ 5 只的小群四处游荡，栖息在树顶上，多躲藏在树叶丛中，繁殖期主要以金龟子、天牛等昆虫为食，也吃蜘蛛、鸟卵、雏鸟等。秋、冬季和早春，则主要以松草籽等植物果实与种子为食。

地理分布：在衡水湖主要分布在湖边林带。

观测季节：春、秋两季可观测到，在衡水湖越冬。

小嘴乌鸦　　　*Corvus corone*　　　++

形态特征：体长 45 ～ 55 厘米。体色为黑色带有紫色光泽。后颈的毛羽，羽瓣较明显，呈现比较结实的羽毛构造。小嘴乌鸦的嘴比秃鼻乌鸦的稍高，并且小嘴乌鸦的嘴端不是直形而是略显弯曲。与秃鼻乌鸦的区别在嘴基部被黑色羽，与大嘴乌鸦的区别在于额弓较低，嘴虽强劲但形显细小。

生态习性：喜结大群栖息，但不像秃鼻乌鸦那样结群营巢。属于杂食性鸟类，以腐尸、垃圾等杂物为食，亦取食植物的种子和果实，是自然界的清洁工。

地理分布：在衡水湖主要分布在湖边、滏东排河边乔木上以及周边村庄。

观测季节：一年四季可观测到。

达乌里寒鸦　　*Corvus dauuricus*　　++

形态特征：体长 30～35 厘米。全身羽毛主要为黑色，仅后颈有一宽阔的白色颈圈向两侧延伸至胸和腹部，在黑色体羽衬托下极为醒目。

生态习性：常在林缘、农田边活动，晚上多栖于附近树上，喜成群，有时也和其他鸦混群活动。主要以蝼蛄、甲虫、金龟子等昆虫为食。

地理分布：在衡水湖主要分布在湖边、滏东排河边乔木上以及周边村庄。

观测季节：一年四季可观测到。

形态特征：体长 35～40 厘米。嘴、脚黑色，额至后颈黑色，背灰色，两翅和尾灰蓝色，尾长、呈凸状具白色端斑，下体灰白色。外侧尾羽较短，不及中央尾羽之半。

生态习性：常十余只或数十只一群，穿梭于树林间，不甚畏人，遇惊吓时一哄而散。食性杂，但以动物性食物为主，主要吃蛴螬、步行甲、金针虫、金花虫、金龟甲等昆虫，兼食一些乔灌木的果实及种子。

地理分布：在衡水湖内分布较广，林带、农田、村庄皆有分布。

观测季节：一年四季皆可观测到。

喜鹊　　　*Pica pica*　　　＋＋＋＋

形态特征： 体长 40～45 厘米，雌雄羽色相似，头、颈、背至尾均为黑色，并自前往后分别呈现紫色、绿蓝色、绿色等光泽，双翅黑色而在翼肩有一大形白斑，尾远较翅长，腹面以胸为界，前黑后白。

生态习性： 栖息地多样，常出没于人类活动地区，喜欢将巢筑在民宅旁的大树上。全年大多成对生活，杂食性，在旷野和田间觅食，繁殖期捕食昆虫、蛙类等小型动物，也盗食其他鸟类的卵和雏鸟，兼食瓜果、谷物、植物种子等。

地理分布： 在衡水湖内分布较广，林带、农田、村庄皆有分布。

观测季节： 一年四季皆可观测到。

形态特征：体长约 60 厘米。嘴、脚红色；头、颈、喉和胸黑色，头顶至后颈有一块白色至淡蓝白色或紫灰色块斑，其余上体紫蓝灰色或淡蓝灰褐色。尾长，呈凸状，具黑色亚端斑和白色端斑。下体白色。

生态习性：性喜群栖，经常成对或成 3～5 只或 10 余只的小群活动。性活泼而嘈杂，常在枝间跳上跳下或在树间飞来飞去，主要以昆虫等动物性食物为食，也吃植物果实、种子和玉米、小麦等农作物，食性较杂。

地理分布：在衡水湖主要分布在湖边林带。

观测季节：冬季可观测到，在衡水湖越冬。

形态特征：体长 20 ～ 25 厘米，体背颜色以棕褐为主；下体白色，胸部红棕色斑纹围成一圈，两胁具红棕色点斑；眼上有清晰的白色眉纹。一般单独在田野的地面上栖息。

生态习性：通常在林间活动，以昆虫为主食，包括蝗虫、金针虫、地老虎、玉米螟幼虫等农林害虫，也进食部分浆果。

地理分布：在衡水湖主要分布在沿湖林带。

观测季节：春、秋冬三季可观测到。

形态特征：体长 20 ～ 24 厘米。羽色变化较大，其中北方亚种体色较暗，上体从头至尾暗橄榄褐色杂有黑色；下体白色，喉、颈侧、两胁和胸具黑色斑点，有时在胸部密集成横带；两翅和尾黑褐色，翅上覆羽和内侧飞羽具宽的棕色羽缘；眉纹白色，翅下覆羽和腋羽辉棕色。

生活习性：除繁殖期成对活动外，其他季节多成群，特别是迁徙季节，常集成数十上百只的大群。一般在地上活动和觅食，边跳跃觅食边鸣叫。主要以昆虫为食。所吃食物主要有鳞翅目幼虫、尺蠖蛾科幼虫、蟒科幼虫、蝗虫、金龟子、甲虫、步行虫等。

地理分布：在衡水湖主要分布在沿湖林带。

观测季节：春、秋、冬三季可观测到。

虎斑地鸫　　　*Zoothera dauma*　　　+ + +

形态特征：体长约 30 厘米，上体金橄榄褐色满布黑色鳞片状斑。下体浅棕白色，除颏、喉和腹中部外，亦具黑色鳞状斑。

生态习性：常单独或成对活动，多在林下灌丛中或地上觅食，主要以昆虫和无脊椎动物为食，也吃少量植物果实、种子和嫩叶等植物性食物。

地理分布：在衡水湖主要分布在湖边林带、湖中岛上。

观测季节：春、秋季可观测到。

形态特征：体长 14 ～ 17 厘米。雄鸟头部、上体主要为橄榄褐色；眉纹白色；颏部、喉部红色，周围有黑色狭纹；胸部灰色，腹部白色。雌鸟颏部、喉部不呈赤红色，而为白色。

生态习性：善鸣叫，善模仿，鸣声多韵而婉转，十分悦耳。常在平原芦苇丛及小树林中活动，轻巧跳跃，走动灵活。主要以昆虫为食，也吃少量植物性食物，如果实。

地理分布：在衡水湖主要分布在湖边灌木丛及芦苇、香蒲丛中。

观测季节：春、夏、秋三季可观测到，夏季在衡水湖繁殖。

蓝歌鸲　　　*Larvivora cyane*　　　++

形态特征： 体长约 14 厘米。雄鸟上体暗蓝色，下体白色，两翅和尾暗褐色。雌鸟上体橄榄褐色，腰和尾上覆羽暗蓝色，翅上大覆羽具棕黄色末端。下体白色，胸缀褐色有时微沾皮黄色，特征明显。

生态习性： 常单独或成对活动。一般多在地上行走和跳跃，很少上树栖息，奔走时尾不停地上下扭动，觅食亦多在林下地上和灌木上。善于隐藏，平时多藏匿在林下灌木丛或草丛中。主要以昆虫为食。

地理分布： 在衡水湖主要分布在湖边、河道边灌丛中。

观测季节： 春、夏、秋三季可观测到，夏季在衡水湖繁殖。

形态特征：体长约 14 厘米。雄鸟头顶至直背石板灰色，下背和两翅黑色、具明显的白色翅斑，腰、尾上覆羽和尾橙棕色。雌鸟上体橄榄褐色，两翅黑褐色、具白斑，眼圈微白，下体暗黄褐色。　相似种红腹红尾鸲头顶至枕羽色较淡，多为灰白色，尾全为橙棕色。

生态习性：性活泼，善跳跃，主要以昆虫为食。

地理分布：在衡水湖主要分布在湖边灌木丛及芦苇、香蒲丛中。

观测季节：一年四季可观测到，夏季在衡水湖繁殖。

形态特征： 体长约 14 厘米。上体从头顶至尾上覆羽包括两翅内侧覆羽表面概灰蓝色，头顶两侧、翅上小覆羽和尾上覆羽特别鲜亮呈蓝色。尾主要为黑褐色，中央一对尾羽具蓝色羽缘，外侧尾羽仅外翈羽缘稍沾蓝色，愈向外侧蓝色愈淡。

生态习性： 性活泼，善跳跃，主要以昆虫为食。

地理分布： 在衡水湖主要分布在湖边灌木丛及芦苇、香蒲丛中。

观测季节： 春、夏、秋三季可观测到，夏季在衡水湖繁殖。

山噪鹛　　　*Garrulax davidi*　　　++

形态特征： 体长 20 ～ 25 厘米。嘴黄色而稍曲，上体羽色多为暗灰褐色，腰和尾上覆羽灰色。下体灰色，脚肉色或灰褐色。

生态习性： 常成对或成 3 ～ 5 只的小群活动和觅食。性机警，多隐蔽于灌丛下或在地上活动。善鸣叫，主要以昆虫为食，也吃植物果实和种子。

地理分布： 在衡水湖主要分布于湖边林带以及灌木丛中。

观测季节： 一年四季皆可观测到。

形态特征：体长可达 18 厘米，上体以灰色为基色，头、颊、背、翅均为灰色中夹带纵向褐色斑纹，头部具淡色眉纹，但并不明显。喉部和整个下体均为浅色，自胸以下开始出现长而直的栗色纵纹，纵纹颜色鲜艳，与腹部污白色的底色对比鲜明，

生态习性：性活泼，常单独活动，经常在灌木和小树枝间敏捷地跳上跳下。主要以象甲、金龟甲等昆虫为食，也吃幼虫、虫卵和其他昆虫。

地理分布：在衡水湖主要分布在湖中岛以及沿湖灌木丛中。

观测季节：一年四季可观测到，夏季在衡水湖繁殖。

形态特征：体长约 18 厘米左右。黄色的嘴带很大的嘴钩，黑色眉纹显著，额、头顶及颈背灰色，黑色眉纹上缘黄褐而下缘白色。上背黄褐，通常具黑色纵纹；下背黄褐。有狭窄的白色眼圈。

生态习性：体型娇小，活泼好动，嘴里不断发出短促的"唧唧"声，在树枝上稍作停留后，又一阵风似地轰然飞去，极少下到地面活动。以昆虫为食，冬季也吃浆果。

地理分布：在衡水湖主要分布于衡水湖小湖隔堤两侧芦苇区域、滏东排河芦苇丛中、西湖湿地。

观测季节：一年四季皆可观测到，夏季在衡水湖繁殖，冬季在衡水湖越冬。

形态特征：全长约12厘米。头顶至上背棕红色，上体余部橄榄褐色，翅红棕色，尾暗褐色。喉、胸粉红色，下体余部淡黄褐色。

生态习性：常成对或成小群活动，秋冬季节有时也集成20或30多只乃至更大的群。性活泼而大胆，不甚怕人，常在灌木或小树枝叶间攀缘跳跃，或从一棵树飞向另一棵树，一般都短距离低空飞翔，不做长距离飞行。主要以甲虫、象甲、松毛虫卵、蜡象等昆虫为食，也吃蜘蛛等其他小型无脊椎动物和植物果实与种子等。

地理分布：在衡水湖主要分布于衡水湖小湖隔堤两侧芦苇区域、滏东排河芦苇丛中、西湖湿地。

观测季节：一年四季皆可观测到，夏季在衡水湖繁殖，冬季在衡水湖越冬，数量较多。

形态特征：体长 18 厘米，属小型鸣禽，身体羽毛呈灰褐色，头部色深呈栗褐色，头顶有一细长呈簇状的羽冠，一条黑色贯眼纹从嘴基经眼到后枕，位于羽冠两侧，在栗褐色的头部极为醒目。翅具白色翼斑。尾具黑色次端斑和黄色端斑。

生态习性：除繁殖期成对活动外，其他时候多成群活动，有时甚至集成近百只的大群。主要以蔷薇、忍冬、卫茅、鼠李等植物果实、种子、嫩芽等植物性食物为食。

地理分布：在衡水湖主要分布在湖边林带。

观测季节：春、秋两季可观测到。

棕扇尾莺   *Cisticola juncidis*   +++

形态特征：体长 10 厘米左右。上体栗棕色，具粗著的黑褐色羽干纹和棕白色眉纹，下背、腰和尾上覆羽黑褐色，羽干纹细弱而不明显，尤其是繁殖季节，腰和尾上覆羽几为纯棕色而无黑褐色纵纹。下体白色，两胁沾棕黄色。

生态习性：飞行或停栖小草枝头时，均会鸣唱，在飞行时每叫一单音正好配合一次振翅的波状起伏。主要以昆虫为食，也吃蜘蛛、蚂蚁等其他小的无脊椎动物和杂草种子等植物性食物。

地理分布：在衡水湖主要分布在沿湖芦苇、香蒲丛及草丛中。

观测季节：春、夏两季可观测到，常躲在草丛中不易被发现。

东方大苇莺 *Acrocephalus orientalis* ＋＋＋＋

形态特征： 体长约 18 厘米。体型略大的褐色苇莺。具显著的皮黄色眉纹。上体呈橄榄褐色。下体乳黄色。上嘴褐色，下嘴偏粉；脚灰色。

生态习性： 常单独或成对活动，性活泼，常频繁地在草茎或灌丛枝间跳跃、攀缘。以甲虫、金花虫、蚂蚁、豆娘和水生昆虫等为食，也吃蜘蛛、蜗牛等其他无脊椎动物及少量植物果实和种子。

地理分布： 在衡水湖主要分布于衡水湖小湖隔堤两侧芦苇区域、滏东排河芦苇丛中、西湖湿地。

观测季节： 春、夏、秋三季可观测到，夏季在衡水湖繁殖。

形态特征：体长 10 厘米左右。嘴细尖。头部色泽较深，在头顶的中央贯以一条若隐若现的黄绿色纵纹。背羽以橄榄绿色或褐色为主，上体包括两翅的内侧覆羽概呈橄榄绿色，翅具两道浅黄绿色翼斑。下体白色，胸、胁、尾下覆羽均稍沾绿黄色，腋羽亦然。尾羽黑褐色，雌雄两性羽色相似。

生态习性：主要以昆虫为食，所食均为树上枝叶间的小虫，常在枝尖不停地穿飞捕虫，有时飞离枝头扇翅，将昆虫哄赶起来，再追上去啄食。

地理分布：在衡水湖主要分布于衡水湖小湖隔堤两侧芦苇区域、滏东排河芦苇丛中、西湖湿地。

观测季节：春、夏、秋三季可观测到，夏季在衡水湖繁殖。

形态特征：体长 11 厘米。外形甚显紧凑而墩圆，两翼短圆，尾圆而略凹。上体灰褐，飞羽有橄榄绿色的翼缘。嘴细小，腿细长。眉纹棕白色，贯眼纹暗褐色。颏、喉白色，其余下体乳白色，胸及两胁沾黄褐。

生态习性：常单独或成对活动，多在林下、林缘和溪边灌丛与草丛中活动。喜欢在树枝间跳来跳去，或跳上跳下。主要以昆虫为食。

地理分布：在衡水湖主要分布于小湖隔堤两侧芦苇区域、滏东排河芦苇丛中、西湖湿地。

观测季节：春、夏、秋三季可观测到，夏季在衡水湖繁殖。

寿带 *Terpsiphone paradisi* +++

形态特征： 体长约 22 厘米，具冠羽。雄鸟有栗色型和白色型两种。头、颈蓝黑色，具金属光泽，羽冠明显。中央尾羽特别延长。上体包括背、腰及尾上覆羽都呈带紫色的深栗红色。尾羽与上体色相近。

生态习性： 常隐匿在树丛中，成对或数对活动。飞翔时延长的中央尾羽特显眼。鸣叫时冠羽耸起。主要以昆虫为食，如天蛾、蝗虫、松毛虫等，有时到地面啄食。

地理分布： 在衡水湖主要分布在沿湖林带。

观测季节： 春、夏、秋三季可观测到，夏季在衡水湖繁殖。

形态特征：体长 11 ～ 14 厘米。雄鸟上体大部黑色，眉纹白色，在黑色的头上极为醒目；腰鲜黄色，两翅和尾黑色，翅上具白斑；下体鲜黄色。雌鸟上体大部橄榄绿色；腰鲜黄色，翅上亦具白斑；下体淡黄绿色。

生态习性：常单独或成对活动，多在树冠下层低枝处活动和觅食，也常飞到空中捕食飞行性昆虫。食物主要有天牛科、拟天牛科成虫、叩头虫、瓢虫、象甲、金花虫等。

地理分布：在衡水湖主要分布在沿湖林带。

观测季节：春、夏、秋三季可观测到，夏季在衡水湖繁殖。

沼泽山雀 | *Poecile palustris* | +++

形态特征： 体长约 12 厘米。前额、头顶至后颈辉黑色，眼以下脸颊至颈侧白色，上体沙灰褐色。颏、喉黑色，其余下体白色或苍白色。

生态习性： 主要栖息林间地带，常活动于林带树冠，或攀附于树枝上取食昆虫，也常到灌丛间啄食。一般在近水源或潮湿的林区比较常见，在果园、庭院等亦能见到。攀附于树枝上取食昆虫，也常到灌丛间啄食。食物以昆虫为主。

地理分布： 在衡水湖主要分布在沿湖林带及灌木丛中。

观测季节： 一年四季皆可观测到。

黄腹山雀　　*Parus venustulus*　　+ + +

形态特征：体长约 10 厘米。雄鸟头和上背黑色，脸颊和后颈各具一白色块斑，在暗色的头部极为醒目。下背、腰亮蓝灰色，翅上覆羽黑褐色，尾黑色，外侧一对尾羽大部白色；颏至上胸黑色，下胸至尾下覆羽黄色。雌鸟上体灰绿色，颏、喉、颊和耳羽灰白色，其余下体淡黄绿色。

生态习性：除繁殖期成对或单独活动外，其他时候集群，常成 10 ～ 20 只的群体，有时也与大山雀等其他鸟类混群。多数时候在树枝间跳跃穿梭，或在树冠间飞来飞去，频频发出"嗞、嗞、嗞"的叫声。主要以昆虫为食，也吃植物果实和种子等植物性食物。

地理分布：在衡水湖主要分布在沿湖林带及灌木丛中。

观测季节：在衡水湖保护区属于旅鸟，春、秋两季可观测到。

| 大山雀 | *Parus major* | + + + |

形态特征：体长约 14 厘米。整个头呈黑色，头两侧各有一大型白斑，嘴呈尖细状，便于捕食。上体为蓝灰色，背沾绿色。下体白色，胸、腹有一条宽阔的中央纵纹与额、喉黑色相连。

生态习性：性较活泼而大胆，不甚畏人。行动敏捷，常在树枝间穿梭跳跃，或从一棵树飞到另一棵树上，边飞边叫，略呈波浪状飞行。主要以金花虫、金龟子、毒蛾幼虫、蚂蚁、蜂、松毛虫、蟊斯等昆虫为食。

地理分布：在衡水湖主要分布在湖区周边林带。

观测季节：一年四季皆可观测到。

| 煤山雀 | *Periparus ater* | + + + |

形态特征：体长约 11 厘米。头顶、颈侧、喉及上胸黑色。翼上具两道白色翼斑，背灰色或橄榄灰色，白色的腹部或有或无皮黄色。多数亚种具尖状的黑色冠羽。嘴黑色，边缘灰色；脚青灰色。

生态习性：性活跃，常在枝头跳跃，在树皮上剥啄昆虫，或在树间作短距离飞行。非繁殖期喜集群。以鳞翅目、双翅目、鞘翅目、半翅目、直翅目、同翅目、膜翅目等昆虫和昆虫幼虫为食，此外也吃少量蜘蛛、蜗牛、草籽、花等其他小型无脊椎动物和植物性食物。

地理分布：在衡水湖主要分布在湖区周边林带。

观测季节：一年四季皆可观测到。

银喉长尾山雀　　*Aegithalos glaucogularis*　　+ + +

形态特征： 体长约 12 厘米，该鸟头顶羽毛较丰满且甚发达，体羽蓬松呈绒毛状，头顶、背部、两翼和尾羽呈现黑色或灰色，下体纯白或淡灰棕色，部分喉部具暗灰色块斑，尾羽长度多超过头体长。雌性羽色与雄鸟相似。

生态习性： 行动敏捷，来去均甚突然，常见跳跃在树冠间或灌丛顶部，生活在欧亚大陆各种环境的树林中，群居或常与其他雀类混居，以昆虫及植物种子等为食。

地理分布： 在衡水湖主要分布在湖区周边林带。

观测季节： 一年四季皆可观测到。

| 燕雀 | *Fringilla montifringilla* | +++ |

形态特征： 体长 14～17 厘米。嘴粗壮而尖，呈圆锥状。雄鸟从头至背辉黑色，背具黄褐色羽缘。腰白色，颏、喉、胸橙黄色，腹至尾下覆羽白色，两胁淡棕色而具黑色斑点。两翅和尾黑色，翅上具白斑。雌鸟和雄鸟大致相似，但体色较浅淡。

生态习性： 除繁殖期间成对活动外，其他季节多成群，尤其是迁徙期间常集成大群，有时甚至集群多达数百、上千只，晚上多在树上过夜。喜食杂草种子，也吃树木种子、果实。

地理分布： 在衡水湖主要分布在湖区周边林带及芦苇、蒲草丛中。

观测季节： 春、秋两季可观测到。

形态特征： 体长约 19 厘米。嘴粗大、黄色。雄鸟头辉黑色，背、肩灰褐色，腰和尾上覆羽浅灰色，两翅和尾黑色，其余下体灰褐色或沾黄色，腹和尾下覆羽白色。雌鸟头灰褐色，背灰黄褐色，腰和尾上覆羽近银灰色，尾羽灰褐色、端部多为黑褐色，其余同雄鸟。

生态习性： 繁殖期间单独或成对活动，非繁殖也成群，有时集成数十只的大群。树栖性，频繁地在树冠层枝叶间跳跃或来回飞翔，或从一棵树飞至另一棵树，飞行迅速，两翅鼓动有力，在林内常一闪即逝。性活泼而大胆，不甚怕人。主要以种子、果实、草籽、嫩叶、嫩芽等植物性食物为食，也吃部分昆虫。

地理分布： 在衡水湖主要分布在湖区、村庄周边林带。

观测季节： 秋、冬两季可以观测到，冬季在衡水湖越冬。

| 麻雀 | *Passer montanus* | ＋＋＋＋ |

形态特征：体长约 15 厘米。一般上体呈棕、黑色的斑杂状，因而俗称麻雀。嘴短粗而强壮，呈圆锥状，嘴峰稍曲。闭嘴时上下嘴间没有缝隙。

生态习性：麻雀多活动在有人类居住的地方，性极活泼，胆大易近人，但警惕性非常高，好奇心较强。多营巢于人类的房屋处，杂食性鸟类，夏、秋主要以禾本科植物种子为食，育雏则主要以为害禾本科植物的昆虫为主。

地理分布：在衡水湖主要分布于周边村庄、沿湖灌木丛、农田。

观测季节：一年四季皆可观测到。

形态特征： 体长 12～16 厘米。雄鸟嘴基、眼先、颊黑色，头、颈、颏、喉和上胸灰色而沾绿黄色，上体橄榄褐色，具黑褐色羽干纹，两翅和尾黑褐色。胸黄色，腹至尾下覆羽黄白色，两胁具黑褐色，纵纹。雌鸟头和上体灰红褐色具黑色纵纹，腰和尾上覆羽无纵纹，下体白色或黄色，其余同雄鸟。

生态习性： 常成小群活动，除繁殖期成对外，也有单独活动者。杂食性，在早春和晚秋时以草籽、植物果实和各种谷物为食，夏季繁殖期大量啄昆虫。

地理分布： 在衡水湖主要分布于周边村庄、沿湖灌木丛、农田。

观测季节： 一年四季皆可观测到。

芦鹀 　　*Emberiza schoeniclus* 　　++++

形态特征：体长约 16 厘米，雄鸟头部黑而无眉纹；颈圈和颧纹白色；上体栗黄，具黑色纵纹。雌鸟头部赤褐色，具眉纹。体羽似麻雀，外侧尾羽有较多的白色。

生态习性：除繁殖期成对外，多集群生活，迁徙时结合成 10～20 只的小群，在越冬地区更分为小群或单独活动。杂食性，食物为苇实、草籽和植物碎片，各种昆虫、节肢动物（蜘蛛）、软体动物、甲壳类。

地理分布：在衡水湖主要分布于周边村庄、沿湖灌木丛、农田芦苇丛。

观测季节：一年四季皆可观测到，种群数量较多。

形态特征：体长约16厘米，是一种棕色鹀。具醒目的黑白色头部图纹和栗色的胸带，以及白色的眉纹。繁殖期雄鸟脸部有别致的褐色及黑白色图纹，胸栗，腰棕。雌鸟色较淡，眉纹及下颊纹黄色，胸浓黄色。

生态习性：繁殖期成对生活，雏鸟离巢后多以家族群方式生活，冬季集结成小群，而很少单独活动。冬季以各种野生草籽为主，也有少量的树木种子、各种谷粒和冬菜等；夏季以昆虫为主，食物中以鳞翅目昆虫幼虫最多。

地理分布：在衡水湖主要分布于周边村庄、沿湖灌木丛、农田芦苇丛。

观测季节：一年四季皆可观测到。

形态特征：体长 11 ～ 15 厘米。体羽似麻雀，外侧尾羽有较多的白色。雄鸟夏羽头部赤栗色。头侧线和耳羽后缘黑色，上体余部大致沙褐色，背部具暗褐色纵纹。下体偏白，胸及两胁具黑色纵纹。雌鸟及雄鸟冬羽羽色较淡，无黑色头侧线。

生态习性：非繁殖期常集群活动，繁殖期在地面或灌丛内筑碗状巢，一般主食植物种子。

地理分布：在衡水湖主要分布于周边村庄、沿湖灌木丛、农田芦苇丛。

观测季节：一年四季皆可观测到。

162

形态特征：体长约 15 厘米。雄鸟有一短而竖直的黑色羽冠，眉纹自额至枕侧长而宽阔，前段为黄白色、后段为鲜黄色。背栗红色或暗栗色，颏黑色，上喉黄色，下喉白色，其余下体灰白色。雌鸟和雄鸟大致相似，但羽色较淡，头部黑色转为褐色，前胸黑色半月形斑不明显或消失。

生态习性：非繁殖期常集群活动，繁殖期在地面或灌丛内筑碗状巢，一般主食植物种子。

地理分布：在衡水湖主要分布于周边村庄、沿湖灌木丛、农田芦苇丛。

观测季节：一年四季皆可观测到。

形态特征： 体长约 15 厘米。头部浅棕色，有黄色眉纹；上体栗棕色，布满黑色细斑；两翼覆羽尖端为白色。整体棕红褐色，胸腹部颜色略浅，翅膀有深色波形斑纹。嘴长直而较细弱，先端稍曲，无嘴须，即使有也很少而细。

生态习性： 一般独自或成双或以家庭集小群进行活动。在灌木丛中迅速移动，常从低枝逐渐跃向高枝，尾巴翘得很高。歌声嘹亮。取食蜘蛛、毒蛾、螟蛾、天牛、小蠹、象甲、蝽象等昆虫。

地理分布： 在衡水湖主要分布于湖边芦苇丛、周边农田、西湖湿地。

观测季节： 春、秋两季可观测到，但数量较少。

鸡形目
GALLIFORMES

形态特征：雄鸟前额和上嘴基部黑色，富有蓝绿色光泽。头顶棕褐色，眉纹白色，眼先和眼周裸出皮肤绯红色。雌鸟较雄鸟为小，羽色亦不如雄鸟艳丽，头顶和后颈棕白色，具黑色横斑。

生态习性：脚强健，善于奔跑，特别是在灌丛中奔走极快，也善于藏匿。秋季常集成几只至 10 多只的小群进到农田、林缘和村庄附近活动和觅食。杂食性。所吃食物随地区和季节而不同。

地理分布：在衡水湖主要分布于湖边芦苇丛、周边农田、西湖湿地。

观测季节：一年四季皆可观测到，种群数量较多。

隼形目

FALCONIFORMES

形态特征：体长 30 ～ 36 厘米。雄鸟头蓝灰色，背和翅上覆羽砖红色，具三角形黑斑；腰、尾上覆羽和尾羽蓝灰色，尾具宽阔的黑色次端斑和白色端斑，除喉外均被黑褐色纵纹和斑点，具黑色眼下纵纹。脚、趾黄色，爪黑色。

生态习性：栖息于山地和旷野中，多单个或成对活动，飞行较高。以猎食时有翱翔习性而著名。吃大型昆虫、鸟和小型哺乳动物。呈现两性色型差异，这在鹰中是罕见的；雄鸟的颜色更鲜艳。

地理分布：在衡水湖主要分布于湖区周边林带中。

观测季节：春、夏、秋三季可观测到，夏季在衡水湖繁殖。

红脚隼 *Falco amurensis* 国家二级保护野生动物 + + +

形态特征： 体长 25 ～ 30 厘米，雄鸟、雌鸟及幼鸟体色有差异。雄鸟上体大都为石板黑色；颏、喉、颈、侧、胸、腹部淡石板灰色，胸具黑褐色羽干纹。雌鸟上体大致为石板灰色，具黑褐色羽干纹，下背、肩具黑褐色横斑；颏、喉、颈侧乳白色，其余下体淡黄白色或棕白色，胸部具黑褐色纵纹，腹中部具点状或矢状斑，腹两侧和两胁具黑色横斑。

生态习性： 多白天单独活动，飞翔时两翅快速煽动，间或进行一阵滑翔，也能通过两翅的快速煽动在空中作短暂的停留。主要以蝗虫、蚱蜢、蝼蛄、蠹斯、金龟子、蟋蟀、叩头虫等昆虫为食，有时也捕食小型鸟类、蜥蜴、石龙子、蛙、鼠类等小型脊椎动物。

地理分布： 在衡水湖主要分布于湖区周边林带中。

观测季节： 春、夏、秋三季可观测到，夏季在衡水湖繁殖。

| 灰背隼 | *Falco columbarius* | 国家二级保护野生动物 | ＋＋ |

形态特征： 体长 25 ～ 33 厘米，上体的颜色比其他隼类浅淡，尤其是雄鸟，呈淡蓝灰色，具黑色羽轴纹。尾羽上具有宽阔的黑色亚端斑和较窄的白色端斑。后颈为蓝灰色，有一个棕褐色的领圈，并杂有黑斑，是其独有的特点。

生态习性： 常单独活动，叫声尖锐。多在低空飞翔，在快速的鼓翼飞翔之后，偶尔又进行短暂的滑翔，发现食物则立即俯冲下来捕食。休息时在地面上或树上。主要以小型鸟类、鼠类和昆虫等为食，也吃蜥蜴、蛙和小型蛇类。

地理分布： 在衡水湖主要分布于湖区周边林带中。

观测季节： 春、夏、秋三季可观测到，夏季在衡水湖繁殖。

| 猎隼 | *Falco cherrug* | 国家一级保护野生动物 | + |

形态特征：体长 30 ～ 60 厘米。颈背偏白，头顶浅褐，头部对比色少，眼下方具不明显黑色线条，眉纹白。上体多褐色而略具横斑，与翼尖的深褐色成对比。尾具狭窄的白色羽端。下体偏白，狭窄翼尖深色，翼下大覆羽具黑色细纹。翼比游隼形钝而色浅。幼鸟上体褐色深沉，下体满布黑色纵纹。

生态习性：在湖面上空盘旋，主要以中小型鸟类、野兔、鼠类等动物为食。

地理分布：在衡水湖主要分布于湖区周边林带中。

观测季节：春、秋两季可观测到，但数量较少。

形态特征：体长 40 ～ 50 厘米。翅长而尖，眼周黄色，头至后颈灰黑色，其余上体蓝灰色，尾具数条黑色横带。下体白色，上胸有黑色细斑点，下胸至尾下覆羽密被黑色横斑。飞翔时翼下和尾下白色，密布白色横带，野外容易识别。

生态习性：多单独活动，叫声尖锐。通常在快速鼓翼飞翔时伴随着一阵滑翔；也喜欢在空中翱翔。主要捕食野鸭、鸥、鸠鸽类、乌鸦和鸡类等中小型鸟类，偶尔也捕食鼠类和野兔等小型哺乳动物。

地理分布：在衡水湖主要分布于湖区周边林带中。

观测季节：春、秋两季可观测到。

鹰形目
ACCIPITRIFORMES

| 鹗 | *Pandion haliaetus* | 国家二级保护野生动物 | + |

形态特征： 体长约 65 厘米。头顶和颈后羽毛白色，有暗褐色纵纹，头后羽延长成为矛状。上体和两翅的表面均暗褐色，各羽都具棕色狭端，尾羽淡褐色。下体除胸部有棕褐色斑纹外，其余均为白色。

生态习性： 成 3～5 只的小群，多在水面缓慢的低空飞行，有时也在高空翱翔和盘旋。主要以鱼类为食，有时也捕食蛙、小型鸟类等其他小型陆栖动物。

地理分布： 在衡水湖主要分布于湖区周边林带中。

观测季节： 春、秋两季可观测到。

| 白腹鹞 | *Circus spilonotus* | 国家二级保护野生动物 | ++ |

形态特征：体长 50 ～ 60 厘米。雄鸟头顶至上背白色，具宽阔的黑褐色纵纹。上体黑褐色，具污灰白色斑点，外侧覆羽和飞羽银灰色，下体近白色，微缀皮黄色，喉和胸具黑褐色纵纹。雌鸟暗褐色，头顶至后颈皮黄白色，具锈色纵纹；飞羽暗褐色，尾羽黑褐色。

生态习性：白天活动，性机警而孤独，常单独或成对活动。多见在沼泽和芦苇上空低空飞行，主要以小型鸟类、啮齿类、蛙、蜥蜴、小型蛇类和大的昆虫为食，有时也在水面捕食各种中小型水鸟如䴙䴘、野鸭。

地理分布：在衡水湖主要分布于湖区周边林带中。

观测季节：春、夏、秋三季可观测到，夏季在衡水湖繁殖。

形态特征：体长 40 ～ 48 厘米。体色比较独特，与其他鹞类不同，头部、颈部、背部和胸部均为黑色，尾上的覆羽为白色，尾羽为灰色，翅膀上有白斑，下胸部至尾下覆羽和腋羽为白色，站立时外形很像喜鹊，所以得名。脚和趾黄色或橙黄色。

生态习性：常单独活动，多在林边草地和灌丛上空低空飞行。主要以小鸟、鼠类、林蛙、蜥蜴、蛇、昆虫等小型动物为食。

地理分布：在衡水湖主要分布于湖区周边林带中。

观测季节：春、夏、秋三季可观测到，夏季在衡水湖繁殖。

黑翅鸢　*Elanus caeruleus*　国家二级保护野生动物　＋＋

形态特征： 体长约33厘米。上体蓝灰色，下体白色。眼先和眼周具黑斑，肩部亦有黑斑，飞翔时初级飞羽下面黑色，和白色的下体形成鲜明对照。尾较短，平尾，中间稍凹，呈浅叉状。脚黄色，嘴黑色。

形态特征： 一般单独活动，活动在白天，多在早晨和黄昏进行。主要以田间的鼠类、昆虫、小鸟、野兔和爬行动物等为食。

地理分布： 在衡水湖主要分布于湖区周边林带中。

观测季节： 一年四季可观测到，夏季在衡水湖繁殖。

| 黑鸢 | *Milvus migrans* | 国家二级保护野生动物 | + |

形态特征: 体长 55～70 厘米。上体暗褐色,下体棕褐色,均具黑褐色羽干纹,尾较长,呈叉状,具宽度相等的黑色和褐色相间排列的横斑;飞翔时翼下左右各有一块大的白斑。雌鸟显著大于雄鸟。

生态习性: 白天活动,常单独在高空飞翔,秋季有时亦呈 2～3 只的小群。主要以小鸟、鼠类、蛇、蛙、鱼、野兔、蜥蜴和昆虫等动物性食物为食。一般通过在空中盘旋来观察和觅找食物。

地理分布: 在衡水湖主要分布于湖区周边林带中。

观测季节: 春、夏、秋三季可观测到,夏季在衡水湖繁殖。

形态特征：体长 50 ～ 60 厘米。体色变化较大，上体主要为暗褐色，下体主要为暗褐色或淡褐色，具深棕色横斑或纵纹，尾淡灰褐色，具多道暗色横斑。飞翔时两翼宽阔，翼下白色，仅翼尖、翼角和飞羽外缘黑色（淡色型）或全为黑褐色（暗色型），尾散开呈扇形。

生态习性：多单独活动，有时亦见 2 ～ 4 只在天空盘旋。活动主要在白天，性机警，视觉敏锐，主要以老鼠为食，也吃蛙、蜥蜴、蛇、野兔、小鸟和大型昆虫等动物性食物。

地理分布：在衡水湖主要分布于湖区周边林带中。

观测季节：春、夏、秋三季可观测到，夏季在衡水湖繁殖，但数量较少。

形态特征：体长 30 ～ 40 厘米。雌较雄略大，翅阔而圆，尾较长。雄鸟上体暗灰色，雌鸟灰褐色，头后杂有少许白色。下体白色或淡灰白色，雄鸟具细密的红褐色横斑，雌鸟具褐色横斑。

生态习性：常单独生活，或飞翔于空中，或栖于树上和电柱上。以雀形目小鸟、昆虫和鼠类为食，也捕食鸽形目鸟类和榛鸡等小的鸡形目鸟类，有时亦捕食野兔、蛇、昆虫幼虫。

地理分布：在衡水湖主要分布于湖区周边林带中。

观测季节：秋、冬两季可观测到，冬季在衡水湖越冬。

灰脸鵟鹰 *Butastur indicus* 国家二级保护野生动物 +

形态特征：体长约45厘米，上体暗棕褐色，翅上的覆羽也是棕褐色；尾羽为灰褐色，脸颊和耳区为灰色，眼先和喉部均为白色，较为明显，胸部以下为白色，具有较密的棕褐色横斑。眼睛为黄色，嘴为黑色，嘴基部和虹膜为橙黄色，爪为黑色。

生态习性：常单独活动，在湖面上空盘旋，性情较为胆大，叫声响亮，有时也飞到城镇和村屯内捕食。主要以小型蛇类、蛙、鼠类、野兔、小鸟等动物性食物为食，有时也吃大的昆虫和动物尸体。

地理分布：在衡水湖主要分布于湖区周边林带中。

观测季节：春、秋两季可观测到。

鸮形目
STRIGIFORMES

长耳鸮　　*Asio otus*　　国家二级保护野生动物

形态特征：耳羽簇长，位于头顶两侧，竖直如耳。面盘显著，棕黄色。上体棕黄色，而密杂以粗著的黑褐色羽干纹；颏白色，其余下体棕白色而具粗著的黑褐色羽干纹。

生态习性：夜行性，白天多躲藏在树林中，以小鼠、鸟、鱼、蛙和昆虫为食。

地理分布：在衡水湖主要分布于湖区周边林带中。

观测季节：秋、冬两季可观测到。

形态特征：体长约40厘米，黄褐色鸮鸟。翼长，面庞显著，短小的耳羽簇于野外不可见，眼为光艳的黄色，眼圈暗色。上体黄褐，满布黑色和皮黄色纵纹；下体皮黄色，具深褐色纵纹。飞行时黑色的腕斑显而易见。

生态习性：栖息于开阔田野，白天亦常见。成群营巢于地面。以小鼠、鸟类、昆虫和蛙类为食。

地理分布：在衡水湖主要分布在湖区周边林带。

观测季节：秋、冬两季可观测到。

纵纹腹小鸮　　*Athene noctua*　　国家二级保护野生动物　　++

形态特征：体长约25厘米，无耳羽簇。头顶平，眼亮黄而长凝不动。上体褐色，具白纵纹及点斑。下体白色，具褐色杂斑及纵纹，肩上有2道白色或皮黄色横斑。嘴角质黄色，脚白色、被羽，爪黑褐色。

生态习性：常立于篱笆及电线上，有时以长腿高高站起，或快速振翅作波状飞行。通常夜晚出来活动，以昆虫和鼠类为食，也吃小鸟、蜥蜴、蛙类等小动物。

地理分布：在衡水湖主要分布于湖区周边林带中。

观测季节：秋、冬两季可观测到。

| 雕鸮 | *Bubo bubo* | 国家二级保护野生动物 | + + |

形态特征：体长 60 ～ 70 厘米，面盘显著，淡棕黄色，杂以褐色细斑，眼的上方有一大形黑斑，面盘余部淡棕白色或栗棕色，满杂以褐色细斑。肩、下背和翅上覆羽棕色至灰棕色，虹膜金黄色，嘴和爪铅灰黑色。

生态习性：除繁殖期外常单独活动。夜行性，白天多躲藏在密林中栖息，缩颈闭目栖于树上，以各种鼠类为主要食物。

地理分布：在衡水湖主要分布于湖区周边林带中。

观测季节：秋、冬两季可观测到。

学名索引